前言

保罗·斯托茨曾说："未来职场最吃香的人是具备'3Q'素质的人，传统意义上的智商已不再被当作单一的评判人才的标准。"

何谓"3Q"？"3Q"是智商IQ、情商EQ和逆商AQ的合称。

智商IQ（Intelligence Quotient）反映人的智力水平，是人们在数字、空间、逻辑、理解、记忆等方面的能力指数。人们习惯地认为智商是天生的，但毫无疑问，人的任何能力都需要在后天教育中得到培育和发展。比如，我们在学校的学习，除了学到相关知识，同时还学习、锻炼了逻辑思维能力、空间想象能力、识记能力等。由此可见，人的智商可以通过学习得到一定程度的提高。研究发现，后天努力以及成长环境对IQ可以有20~25分的影响。当然，遗传的因素会决定你培育和发展的空间（潜力）大小，但如果没有后天的培育和发展，你的潜力将始终被埋没。自视有天分而后天不努力的人，其智商荒废，反不及常人。

有人将智商比作电脑的CPU，智商越高，其办事效率也就越高。高智商是高效完成工作任务、提高工作质量、为企业创造高效益的核心要素，所以，要想在职场上成为"红人"，首先要有个高智商，先天不足，后天就要加倍努力。

情商 EQ（Emotion Quotient）反映人的情绪控制力，是人们管理自我情绪以及管理别人情绪的能力指数。情商高的人可以控制工作中的负面情绪，始终保持积极的工作态度，与他人具有良好的沟通能力。情商在工作中也十分重要。一个员工工作能力再强，如果不能很好地控制自己的情绪，不能与同事、领导搞好关系，不能处理好工作中的各种关系，很难在一家公司生存下去，更谈不上有什么事业发展。

美国哈佛大学的高曼教授（Daniel Goleman）说：一个人的 EQ 对他在职场的表现有着非常重要的影响。举例而言，一个针对全美国前 500 大企业员工所做的调查发现，不论产业类型为何，一个人的 IQ 和 EQ 对他的工作成就的贡献比例为 IQ∶EQ＝1∶2。也就是说，对于工作成就而言，EQ 的影响是 IQ 的两倍，而且职位愈高，EQ 对工作表现的影响就愈大。对于某些类型的工作，例如行销业务以及客户服务等，EQ 的影响就更为分明。

逆商 AQ（Adversity Quotient）反映人在逆境中的应变能力，是人们面对逆境时承受压力、失败和挫折的能力指数。如今，人们越来越重视 AQ，因为当一个人处在逆境中或者面对工作难题时，如果不能冲破压力，克服困难，勇于担当，就算智商、情商再高也会随着意志力的消沉而失去发挥的余地。

1997 年，美国职业培训大师保罗·斯托茨在《逆商：变挫折为机会》中首次提出了“逆商”（Adversity Quotient）的概念。2000 年，在《工作中的逆商》一书中，保罗·斯托茨强调了“逆商”在个人职业发展中的重要性。他指出，一个人逆商愈高，愈能以坚韧的意志力面对逆境，愈能以弹性面对逆境，承受困难的挑战，发挥创意找出解决问题的方案，在工作中也就会表现愈卓越。逆商高的人不屈不挠，愈挫愈勇，而终究表现出色。相反，逆商低的人会视挫折为无法逾越的

职场3Q

智商·情商·逆商

邢桂平 著

中国城市出版社
·北京·

图书在版编目（CIP）数据

职场“3Q”：智商、情商、逆商/邢桂平著．—北京：中国城市出版社，2011．1

ISBN 978-7-5074-2374-7

Ⅰ．①职…　Ⅱ．①邢…　Ⅲ．①成功心理学—通俗读物　Ⅳ．①B848．4-49

中国版本图书馆 CIP 数据核字（2010）第 227241 号

责任编辑　孙湛波（010－52732056　jambor@ 126. com）
装帧设计　美信书装设计工作室
责任技术编辑　张建军
出版发行　中国城市出版社
地　址　北京市海淀区太平路甲 40 号（邮编　100039）
网　址　www. citypress. cn
发行部电话　（010）63454857　63289949
发行部传真　（010）63421417　63400635
发行部信箱　zgcsfx@ sina. com
编辑部电话　（010）52732085　52732055　63421488（Fax）
投稿信箱　city_editor@ sina. com
总编室电话　（010）52732057
总编室信箱　citypress@ sina. com
经　销　新华书店
印　刷　北京集惠印刷有限责任公司
字　数　232 千字　　印张 17
开　本　787 × 1092（毫米）　1/16
版　次　2011 年 3 月第 1 版
印　次　2011 年 3 月第 1 次印刷
定　价　26. 80 元

鸿沟，害怕挫折和失败，处处抱怨，逃避挑战，因而往往半途而废，终究一事无成。

逆商的高低归因于各人在心理机制上的不同：低AQ者只是应付机制，即以消极的心理防御机制来回避挫折，企图逃离挫折；而高AQ者则是应战机制，他们敢于面对挫折，而且愈挫愈勇。

近年来，AQ理论越来越受到人们的重视，它被视为一项“革命性的理论”，被众多企业用来作为检测员工能力的一项重要指标。微软、波音、联邦快递、联想等“人们最想为之工作的公司”均采用AQ理论进行内部培训和对外招聘。

这“3Q”哪个更重要？有若干专家首推EQ（占80%），并列出如下公式：事业成功=10%IQ+80%EQ+10%AQ。但这个公式并不绝对，因为对于专业技术性工作来说，IQ的重要性显然要大于10%；对于挑战性较强的工作来说，10%的AQ也明显不够用。但无论从事何种工作，都需要尽可能高的IQ、EQ、AQ。而作为职场人才标准的三要素，这“3Q”相辅相成，缺一不可。

职场“3Q”是在当下竞争激烈的严峻形势下，企业对人才素质的迫切要求。在智力水平大致相当的情况下，同时还具有较高情商和逆商的员工势必脱颖而出，成为老板最青睐的紧缺型人才，也势必能拥有辉煌的前程。

职场中流行这样一句话：“智商使人得以录用，而情商和逆商使人得以晋升。”因此，一个事业成功的人不仅需要有良好的智商（IQ）和情商（EQ），还需要具有极高的逆商（AQ）。

本书阐释了职场“3Q”的不同内涵，帮助读者深挖潜力，快速提升“3Q”，更好地掌握自己的职场命运！

本书既适合初入职场人士，告诉他们职场中需要修炼的能力、品质、意志，也适合在职场打拼多年却遇到职业发展瓶颈、身处职场困境的人，告诉他们应对危机、突出重围、获得提升和发展的诀窍。

本书在创作过程中，以下人员参与了不同章节的编撰和素材的提供：吴会朝、马新科、于松伟、张琳、冯金辉、谢欣欣、李海良、迟学义为第一部分提供了素材，并参与了个别章节的写作；王松梅、李亚楠、杜伟奇、张文雅为第二部分提供了素材，并参与了个别章节的写作；白义春、王雯玉、吴会霞为第三部分提供了素材，并参与了个别章节的写作。对于他们的辛勤劳动，特表示真挚的谢意！

邢桂平

目录

第一部分 智商（IQ）

职场3Q 目录

第二部分　情商（EQ）

第三部分　逆商（AQ）

智商　情商　逆商

INTELLIGENCE QUOTIENT

第一部分

智商（IQ）

智商反映人的智力水平，主要反映人的认知能力、思维能力、语言能力、观察能力、计算能力、律动能力等。高智商是高效完成工作任务、提高工作质量、为企业创造高效益的核心要素，它包括较高思维能力、适应能力、领悟和理解能力以及其他一些相关的技能。

高智商的人行走职场拥有更多优势。智商高的人较之别人有更强的适应力、领悟力、理解力以及创造力，因而可以实现较高的工作效率，可以创造出更多的工作业绩。智商一般的人在工作中仅能做到“合格”的地步，而智商高的人则可以做到“优秀”的高度，这就是智商对于人才的巨大影响。智商就像战士手中的武器，武器越锋利，战士就越可以所向披靡，勇往直前。

针对职场特点，你应该快速提高自己的职场智商。

智商(IQ)测试

这是国内较权威的标准智商（IQ）测试卷，也是IBM、微软和宝洁公司在国内招聘员工时经常采用的智商测试卷。请在30分钟内完成（共30题）。

1. 选出不同类的一项。(　　)

A. 蛇　　B. 大树　　C. 老虎

2. 在下列分数中，选出不同类的一项。(　　)

A. 3/5　　B. 3/7　　C. 3/9

3. 男孩对男子，正如女孩对（　　）。

A. 青年　　B. 孩子　　C. 夫人

D. 姑娘　　E. 妇女

4. 如果笔相对于写字，那么书相对于（　　）。

A. 娱乐　　B. 阅读

C. 学文化　　D. 解除疲劳

5. 马之于马厩，正如人之于（　　）。

A. 牛棚　　B. 马车　　C. 房屋

D. 农场　　E. 楼房

6. 281420(　　)，请写出“(　　)”处的数字。

7. “生活、水里、鱼、在”这四个词是否可以组成一个正确的句子？(　　)

A. 是　　B. 否

8. “球棒、的、用来、是、棒球、打”这六个词是否可以组成一个正确的句子？（　）

A. 是　　B. 否

9. 动物学家与社会学家相对应，正如动物与（　）相对。

A. 人类　　B. 问题

C. 社会　　D. 社会学

10. 如果所有的妇女都有大衣，那么漂亮的妇女会有（　）。

A. 更多的大衣　　B. 时髦的大衣

C. 大衣　　D. 昂贵的大衣

11. 1324657（　），请写出“（　）”处的数字。

12. 南之于西北，正如西之于（　）。

A. 西北　　B. 东北

C. 西南　　D. 东南

13. 找出不同类的一项。（　）

A. 铁锅　　B. 小勺

C. 米饭　　D. 碟子

14. 978675（　），请写出“（　）”处的数字。

15. 找出不同类的一项。（　）

A. 写字台　　B. 沙发

C. 电视　　D. 桌布

16. 961（25）432932（　）731，请写出“（　）”内的数字。

17. 选项 A、B、C、D 中，哪一个应该填在“×0000××000×××”的后面？（　）

A. ×00　　B. 00

C. 00×　　D. 0××

18. 望子成龙的家长往往（　　）苗助长。

A. 揠　　B. 堰　　C. 偃

19. 填上空缺的词：

金黄的头发（黄山）刀山火海

赞美人生（　　）卫国战争

20. 选出不同类的一项。(　　)

A. 地板　　B. 壁橱

C. 窗户　　D. 窗帘

21. 1827(　　)，请写出“(　　)”内的数字。

22. 填上空缺的词：

罄竹难书（书法）无法无天

作奸犯科（　　）教学相长

23. 在括号内填上一个字，使其与括号前的字组成一个词，同时又与括号后的字也能组成一个词：

款（　　）样

24. 填入空缺的数字：

16(96)1210(　　)7.5

25. 找出不同类的一项。(　　)

A. 斑马　　B. 军马　　C. 赛马

D. 骏马　　E. 驸马

26. 在括号上填上一个字，使其与括号前的字组成一个词，同时又与括号后的字也能组成一个词：

祭（　　）定

27. 在括号内填上一个字，使之既有前一个词的意思，又可以与后一个词组成词组：

头部（　　）震荡

28. 填入空缺的数字：

653717(　　)

29. 填入空缺的数字：

41(28)2783(　　)65

30. 填上空缺的字母：

CFIDHLEJ(　　)

“智商测试答案及结果评估”见本书第90页。

第一章

业 绩 第 一

每个企业都把注重业绩当做自己企业文化的重要组成部分，而且把业绩观当做员工素质的重要标准之一。

企业靠效益才能生存，员工靠业绩才能成为“红人”。老板要的是功劳，而不是苦劳。作为一名优秀的职员，要清楚地认识到业绩的重要性，并且要求自己努力创造出色的业绩。不要把能言善辩、溜须拍马当成称霸职场的资本，要知道这些只是雕虫小技，而你的实干和看得见的功绩最能让老板会心一笑。

业绩第一就要把质量放在首位，就要修炼成业务高手，就要懂得提高工作效率，就要勇于做企业的“功臣”。

质量就是你的“金饭碗”

很多人都想端一个“金饭碗”。他们认为，做公务员、在国企工作或者跟公司签了长期劳动合同就是端了“金饭碗”，就可以高枕无忧了，就可以不用担心被老板辞退了，就可以敷衍工作了，就可以不必害怕犯错了；其实不然。现代职场形势风云变幻，优胜劣汰早已是职场的残酷法则，父辈时代盛行的“金饭碗”制度已经不复存在，职场“金饭碗”靠的是你的能力和价值。

天津港著名的“蓝领专家”孔祥瑞，虽然只是初中文凭，但在他三十多年的工作生涯中，一直努力钻研，在实践过程中非常注重操作技术和工作质量，终于成为港口界有名的“排障能手”，也多次被评为劳动模范。他的工友曾这样评价他：“他不忽视技术操作中的任何一个小问题，小问题不过班，大问题不过夜。”

孔祥瑞在港口作业时严把质量关，不断进取，在工作中精益求精。他总是随身携带着笔记本，发现问题及时记下，并找出解决方法。因为孔祥瑞对技术操作的高质量的追求，他所带领的队里的工人多次攻克技术难题，完成技术革新，为公司、为国家节约了大量资金，创造了丰厚效益。孔祥瑞不仅自己成为“蓝领专家”，而且还在天津港带出了一大批年轻的技术能手，用高质量的工作和巨大的成就证明了知识型工人的价值。

在职场中，工作质量就是“金饭碗”。一个人的能力和价值的最完美体现就是他所做工作的质量。而质量与工作态度息息相关，它需要一个人有高度的责任心，认真对待工作，全心投入工作，并且出色地完成任务。相反，那些在工作中马马虎虎、丝毫不顾及质量的人，只会给自己的事业带来前进的障碍，既得不到满意的工作报酬，也得不到老板的垂青。只有专心细致、严把质量关、把自己的工作当做一生的事业来做的人才会受到领导的尊重和重视，这样的员工在职场中才会得到领导的信任，成为公司的支柱，从而在竞争激烈的职场中站稳脚跟，取得辉煌的成绩。

有的员工以“做一天和尚撞一天钟”的应付心态来处理工作中的各项事务，他们把工作仅仅看成是养家糊口的工具，不讲究做事的质量和效率，更不用说对公司的荣誉感和使命感了；而有的员工则把工作当成自己的事业来做，以满腔热情和积极向上的心态来努力工作，对工作精益求精。两者相比，前者自然是企业淘汰的对象，而对于后者，由于他们做出了高质量的产品，因此，他们在无形中已经拿到了一个“金饭碗”——质量就是他们的“金饭碗”。所以，如果你不想被职场淘汰，或者想在职场中出类拔萃，那么，请认真对待你的工作，注重工作质量，这样你才能拥有更多的优势，成为职场中的赢家。

员工怎样才能提高工作质量，成功地端稳这个“金饭碗”呢？

1. 树立正确的价值观、工作观。你要弄明白自己是为谁工作，为什么而工作，以及工作的价值和意义。工作要尽心尽力，积极进取，争取最大化地实现自身的价值。

2. 热爱本职工作，敬业乐业。无论你是在什么样的工作岗位上，都必须拥有高度的责任心和事业心。爱岗敬业、勤勉工作的员工通常善于主动发现问题，解决问题，且以此不断提高工作质量，能够更好地为公司或客户服务，得到大家的认同与赞许。

3. 强化主人翁意识，专心投身于工作当中。我们以主人翁的心态来面对工作时，一般会比较有激情和动力，工作时也会格外认真；全身心地投入工作当中，拧好每一个小螺丝钉，一部庞大的事业机器才能顺利运转。

4. 注重细节，一丝不苟。细节性的问题往往最能反映一个人的工作是否认真、细致，很多工作业绩显著的人并不是因为他们做成了很大的事，而是因为他们把细节做到了最好，做到了极致。有时候，一个小的失误就可能把你推到一个危险的境地，让你的一切努力付诸东流。工作中细心做事，认真踏实，也许你的付出老板不一定能尽收眼底，但你的工作质量是大家有目共睹的。所以，注意工作中的每一个细节，切莫忽视任何一个存在质量隐患的小问题，养成严谨务实的工作作风，努力提高工作质量，才能最大化地创造效益。

5. 杜绝“不求有功，但求无过”的“保守平庸”思想。具有创新内容的工作质量是真正高品质的工作质量，仅仅按部就班地完成工作任务永远出不了彩。

6. 对于产品的质量，应及时了解和掌握国家标准、行业标准，在跟上时代步伐的基础上挑战自我，不断创新，不断提高产品质量。

业绩是你加薪的基础

在 IBM，每个员工都有个人业绩计划书，它以每个人的业绩为依据，而且与每个人的工资涨幅紧密相连。上司非常清楚员工的工作及重点，员工自己对此也非常明白，所要做的就是付诸行动，创造更多的业绩。业绩完成得越多，员工的薪水也就越高。计划书的制订是一个互动的过程，员工和直属经理坐下来共同商讨这个计划怎么做更切合实际，几经修改，达成一致。当员工在计划书上签下自己的名字时，就意味着已经向公司立下了军令状，这样他就要全力以赴去达成这个目标。如果完成不了，就要受到应有的惩罚。

优秀的员工之所以优秀，就在于他们一心为企业做“好”事、做“成”事，而不是做“完”事。很多初入职场的人常常会犯这样一个错误，那就是总对公司的待遇不满足，觉得自己的付出与收获不成比例，觉得自己应该拿更高的薪水。其实，你只有为公司创造很高的业绩，你的价值才会被认可。

第一部分 智商(IQ)

只有结果完美，才能创造业绩；只有业绩突出，才能获得高薪。优秀员工总是懂得什么才是最重要的，他们善于运用智慧，运用一切可以运用的资源为提高自己的业绩而努力，从而为公司创造出更多的利润。

案例一：

刘军是个退伍军人，几年前经朋友介绍到一家服装企业做渠道拓展专员。这个岗位对于刘军来说完全是陌生的，他从来没有接触过这个领域，但他并没有因此退缩，而是充分利用所有的业余时间学习业务知识，积极向老员工请教。

没过多久，刘军就掌握了做事的方法和技巧，开始独自与客户洽谈。在他进公司后的第三个月时，他和云南的客户签订了一份购货合同，这是他的第一份业绩。他当月的工资比前两个月的总和都要高。

进入公司的第三年，刘军已经成了公司举足轻重的营销主管，整个公司将近一半的业绩都是他和他的团队创造的。理所当然，刘军也得到了不菲的薪水。公司员工没有一个人嫉妒他的高薪，他们知道，刘军所获得的高薪都是靠他做出的一个又一个业绩得来的。

案例二：

乔飞宇失去工作后，生活就一直处于低谷，迫于无奈，他只好到一家修鞋店学习擦鞋。当时的工资很低，每个月只有600块钱。不过，他的人生就此出现了转折。他很快就迷上了这个工作，不仅跟师傅学，还主动向其他好的擦鞋匠求教。随着时间的推移，乔飞宇的擦鞋技艺越来越精湛。他开创了自己的擦鞋方法：不用鞋刷，而用木棉布绕在右手食指和中指上代替刷子，鞋油也是特制的。那些早已失去光泽的旧皮鞋，经他擦拭后无不焕然一新，光可鉴人。

很快，他的精湛技艺就被一家旧鞋修补连锁店注意到了。他们将乔飞宇请到店里，为顾客擦鞋。这个店里的生意因为乔飞宇的到来而直线上升，每天的顾客络绎不绝。有时候，人们并不仅仅是为了擦鞋而来，而是专门为了欣赏乔飞宇那无与伦比的擦鞋技艺。

乔飞宇的名字几乎成了旧鞋修补店的代名词了。他凭着自己炉火纯青的技术，赢得了众多顾客的青睐，自然也就成了店里的金字招牌，而薪水也自然成倍地上涨了。同时，他也为自己以后的事业发展奠定了基础，创造了一份辉煌的业绩。半年后，他从前厅的普通员工升为店面经理。

从刘军和乔飞宇的故事中可以得知，优秀员工是靠业绩来说话的，不管你在公司的地位如何，不管你长相如何，不管你的学历如何，要想让公司回报你，你就必须为公司做出业绩，为公司创造更多的价值。试想，如果刘军和乔飞宇没有突出的业绩，那么公司还会给他们不菲的薪水、优越的待遇吗？当然不会，在这个以业绩论英雄的时代，业绩才是硬道理，做"成"事才是最重要的加薪理由。优秀的员工懂得并很好地利用了这个道理，因此才会受到老板的欢迎。"不管白猫黑猫，抓住老鼠就是好猫"，对于我们身处的职场来说，强调的就是"结果为导向，业绩为根本"的做事原则。

某公司的人力资源部经理说："工作简历中，唯有业绩这一栏是我最关心的，因为它代表了员工的真正价值。"不错，在职场中，不能创造业绩的人是无法获得老板赏识的，自身也不可能得到丰厚的回报。任何华而无实的东西都不能给我们带来价值上的提升。要证明自己在职场上是一个有用的人，只有创造出业绩。

业绩是一个企业的生命，企业必须依靠利润才能维持正常运转。员工的业绩是企业考核员工能力的重要参考因素之一，创造出高业绩的员工无疑是"英雄人物"，他们为企业创造了实实在在的利润。

只要你创造出业绩，不管在什么公司，都能得到老板的重视，得到老板的欢迎，得到晋升的机会。因为你创造的业绩是公司发展的决定性条件。

要想创造好的业绩，除了需要端正工作态度外，也是有规则可寻的。基本规则如下：

1. 制订周密的工作计划。制订计划的目的不是为了给自己施加压力，而是为了减轻压力，让自己摆脱丢三落四的坏习惯。将主要工作按照重要性依次简明扼要地写在计划表上，这样不仅可以减少不必要的麻烦，还可以节约时间。

2. 排除外界的干扰。意想不到的邮件、电话都会打乱你的工作计划，从而导致你的工作效率降低。因此，为了预防受到干扰，你可以这样做：每隔几个小时而不是时时关注你的电子邮箱；将手机调为静音或者震动，只回复那些有急事的电话等。

3. 克服困难，勇于担当。越是困难的任务越能体现你的价值，当你完成了别人无法完成的任务时，你自然就会创造比别人更高的业绩，这样做“成”的事自然就会为你的加薪增加有力的筹码。

有业绩，你就是红人

“现代管理学之父”彼得·德鲁克说：“没有利润，就没有企业。”没有利润，企业就无法发展，而一个企业的发展主要是通过老板和员工共同努力获得业绩来赢得利润。业绩是企业的命脉，也是员工的命脉，员工没有业绩就无法得到企业和老板的较好评价，这甚至影响到你的跳槽，影响到你整个的人生路。

业绩是检验员工能力的标准。一个员工无论多么勤奋，有什么学历，什么出身，什么资历，归根到底，都必须拿业绩来说话。对公司来说，有业绩，你就有发展、有位子；没有业绩，你就是一个累赘，不但升迁无望，甚至无法立足。因为无法创造业绩的人只会浪费公司的钱财，耽误公司的发展，甚至在某些时候给公司带来不必要的麻烦。

不管你工作的过程如何，只要你不出业绩，老板就会觉得他付给你薪水是在浪费金钱，你的结局也就不言自明。

能创造业绩的员工是公司的宝贵财产，老板打分很高的职员自然是那些能力卓越、业绩斐然的员工。

辛普森很恼火。整整一年，他都没接到什么大单，恐怕自己因为业绩不佳要被辞退了。令人纳闷的是，自己和一同进公司的皮特、汉森学历相当，可为什么他们都有骄人的业绩呢？皮特的客户资源还是那么丰富，似乎整天都在和客户谈判，忙得不可开交；汉森的业务能力也没的说，就连最糟糕的上一年还接了好几笔大单。这两人明年还有望得到进一步提升呢！辛普森越想越坐不住了，就去找业务主管。他觉得业务主管不是一个太苛刻的人，想让他再给自己一个机会。他走进主管办公室，刚坐下，还没来得及开口，主管就接到了公司总部打来的要解聘辛普森的电话。无论主管怎么向总部解释辛普森是一名很不错的员工，总部态度仍很坚决："公司发展需要的是业绩，没有业绩来证明自己的员工只能选择离开，公司不能让任何人拖后腿。"

听了这些，辛普森蹙眉低首，一时无语，只能黯然离去。

企业需要靠盈利来运转，而利润的最关键因素便是业绩，业绩的关键因素便是质量、效率、效益，懂得这个道理，我们便知道了什么才是最需要奉献给企业的，那就是：将你的才华转变成效益，重视你的业绩，不断提高产品质量，提高你的工作效率，做企业的功臣，体现你的功劳，而非苦劳。

我们必须接受并且尊重这个现实：在老板心中，最看重的是业绩。没有业绩，一切免谈，即使你每天辛辛苦苦地工作，如果没有业绩，你便失去了被聘用的最重要的砝码。这样的员工老板留你何用？要知道，没有一个公司愿意养一个吃闲饭的。

戴尔·卡耐基曾经说过："一个不能给他人带来财富的人，自己也无法获得财富。你必须持续地为他人创造价值。"你不为老板创造价值，老板拿什么来支付你的薪水？多劳多得，少劳少得，不劳不得，永远是职场的真理。现实就是如此，千万别怪老板薄情寡义。一个员工，必须把努力创造业绩、为企业带来效益当做神圣的天职和光荣的使命。要吃樱桃先栽树，要想收获先付出。出色的业绩不是你口头上随便说说就能得到的，而是需要你付出勤奋和智慧，踏踏实实地做事，注重每一个细节，想尽一切办法提升自己的工作业绩。

这是一个以业绩论英雄的时代，业绩是检验一切的标准。作为一名员工，如果无法为公司创造业绩，就是再勤奋、再忠诚也无法获得上司的欢心。

如何才能提高自己的业绩?

1. 要想不断提高自己的业绩，就要在平时的工作中一步一个脚印地做事，切勿好高骛远，想一口吃个胖子是不可能的。最重要的就是要有一颗竞争心，要敢于跟别人比拼，这样才能在竞争的环境下，不断激励自己向前，争取第一。

2. 要敢于挑战自我。人最大的敌人不是别人，往往就是自己。我们要敢于把影响工作的不利因素都去除，最重要的就是要先征服自己，那些总能创造惊人业绩的员工不但与同事比赛，他们还不断挑战自己，和自己比赛。

3. 制订具有挑战性的奋斗目标，对于提高业绩至关重要。目标不明确，则会造成工作没有目的地瞎干，会养成马虎和应付了事的工作态度。同时，没有目标的激励，工作效率也会降低。只有订立了明确的目标，才能用这个目标来激励自己，才会有全力以赴达成预定的业绩目标的坚强意志，最终成就惊人的业绩。

4. 要多学习新生事物，这样才能永远保持吸取到新鲜血液。已有的能力总是无法应付新生事物的发展变化，因此，及时补充新知识、学习新技术才是取得良好业绩的最好保证。

做到以上几点，你很快就会在职场中游刃有余，成为职场“红人”。

“千招会”不如“一招绝”

法国文学家雨果说：“只要学有专长，就不怕没有用武之地。”社会分工越细，对专业技能的要求越高。对于企业而言，有自己的特色，就能在风云变幻的市场竞争中生存下来。企业间的竞争说到底是人才的竞争，准确地讲，应该是专业人才的竞争。所以，对于员工来说，专业技能越高的人越会受到企业的欢迎。

专业能力是我们的生存之本。随着职场竞争的加剧，人才的竞争也进入白热化状态。这种状态将会导致每个人都随时有失业的危机，因此，拥有一技之长将会是每个人的生存法宝。

如今，一架机器可以取代五十个普通工人的工作，但是任何机器都无法取代专家的工作。这里的专家是指专业领域内的行家里手。对于一个人的事业而言，最大的危机就是业不精专。街头上风里来雨里去的修鞋匠，他们没有什么文化，但是凭着自己的手艺，却可以养活一家人！所以，社会不要求我们是“通才”，但一定要是“专才”。行行出状元，只要拥有一技之长，就可以成为一个行业的精英，成为企业永远需要的人才。只要你拥有了“一技之长”，拥有了一个“绝招”，你就有了竞争的资本，就有了就业谋生的手段。所以说，“千招会”不如“一招绝”。

某饭店里有一个调酒师，他相貌平平，没什么别的技能，唯一做的就是调酒。一开始，老板并不看好这个调酒师，只是把他当做一个可有可无的角色，为喜欢喝调酒的客人调上几杯酒。所以在以用餐为主的饭店里，他很不起眼。但是他会调一种口味非常特别的鸡尾酒。这种酒有一种独特的香味，让人喝了流连忘返。起初，那些不擅长品酒的客人喝了之后，并没有发现它的独特。后来，一位贵妇人品尝后，十分欣赏。这个贵妇人就约见了这个调酒师，对他大加赞赏。

贵妇人是这家饭店的大客户，她每年在这里都有很多应酬，而且她每次来到这里，都会特意点这个调酒师调出的鸡尾酒。

饭店时不时地进行裁员，但是不起眼的调酒师年年风平浪静，就像有特别硬的后台似的。后来，饭店老板告诉这个调酒师：“那位贵妇人是我们最重要的客人，而你是饭店里不可或缺的人！”

一个人精通一门技术，一种手艺，哪怕是平凡的技艺，只要能比其他人做得好，那么他就是企业的“红人”。特别是在竞争日益激烈的职场上，要想占有一席之地，获得名誉和至高的地位，你就应必须拥有一项真正过硬的本领。独特、高深的技能使我们成为企业不可替代的人，这就是“一招绝”的优势。

万事都精通的人固然招人喜欢，让人感觉很博学，但在有限的时间里修炼太多的技艺，反而难以达到高深的地步，只能是蜻蜓点水似的略知皮毛而已。这样的技能与其说是本领，不如说是无用的累赘。因为，它们有时候会显示自己技能的拙劣，真正把这样的人放到重要的位置上，却发现他只是个“绣花枕头”，会让打算重用他的人有种上当受骗的感觉。

一位著名的企业家说：“‘万事通’在我们那个年代还有机会施展，现如今已一文不值了。”所以，企图掌握好多种职业技能，还不如精通其中一两种。什么事情都知道些皮毛，还不如在某一方面懂得更多，理解得更透彻。

要生存，就必须有过硬的本领。我们可以没有高学历，可以没有圆通的处事智慧，但是，一定要有一项过硬的专业技能和本领。无论从事什么职业，都应该精通它。现在，最需要做的就是“精通”二字。只要你在自己的专业领域比他人更精通，你就有更多的机会。

作为一名员工，如果要避免被淘汰的命运，让自己有更好的发展，就要努力提升自己的专业技能，使自己成为那个不可或缺的人。但是要成为“专家”，自然不是一个简单的过程，我们需要认准自己的“道路”，并专注地、坚定地走下去。著名物理学家丁肇中先生说：“与物理无关的事情我从来不参与。”这就是专注的精神。比尔·盖茨专注于计算机软件，结果成了世界首富；沃伦·巴菲特专注于投资，结果成了股票投资专家、亿万富翁；萧玉斌专注于研究整条鱼脱骨法，结果成了著名的厨师……

所以，如果想获得成功，最好放弃“懂得越多，机会越多”的想法，而接纳“钻得越深，机会越多”的想法。在如此纷繁与喧闹的现代社会，如果你愿意静下心来专攻一业，则必有所成。

把知识转换为生产力

当前，我们的社会正在向着知识经济的方向阔步发展，学习知识、掌握知识、做知识型人才成为大家的共识。但是，拥有丰富的知识并不一定都是真正的人才，只有那些懂得把知识转化为效益的人才是真正的人才。

我们知道，一个企业其生存的唯一理由就是创造利润，有利可图是一个企业运营的意义和目的。企业聘用的员工必须要为企业创造经济效益，这就需要我们学会把自己的知识转化为经济效益。如果我们不能在自己的岗位上为公司创造利润，那么也就没有在这个位置上待的必要了，就会被替换掉。

人才在为企业创造价值的同时，自身也在追求获得更完美的效益。美国商界名人洛克菲勒曾对工作做过这样的注解："工作是一个施展自己才能的舞台。我们寒窗苦读来的知识，我们的应变力，我们的决断力，我们的适应力以及我们的协调能力都将在这样的一个舞台上得到展示……"

"打工皇帝"唐骏毕业于北京邮电大学物理系。后来，他凭着自己的实力进入全球最大的软件帝国微软。刚进入微软时，他只是一名小小的技术人员，从技术到管理，唐骏在1500名的员工中排在倒数第一的位置。他异常失落，但他依然很勤奋地工作。有一天，在工作过程中唐骏发现，Windows 3.1系统的英文版和中文版发布差距是一年半的时间，而Windows 95的英文版和中文版发布差距是5个月的时间。针对这个问题，唐骏根据自己学到的知识，提出了一个新的可使Windows系统的全球发布做到零时差的开发模式。

唐骏把这个设想迅速做成模块，并进行测试，确定其准确度和可操作性。在测试成功之后，唐骏直接给比尔·盖茨发了封邮件，把自己的想法和测试结果告诉他。唐骏知道，在微软两万名员工中，他一个来自外国的小技术员基本没有得到重视的可能。只是唐骏觉得自己在为微软做一件好事，而且他觉得每位员工都应该用自己所掌握的知识为公司尽一点绵薄之力。如果他不把自己的想法告诉领导层，就更没有得到重视的机会。

果不其然，比尔·盖茨接到邮件并未十分重视，而是转发给唐骏上司的上司。这个上司接到比尔·盖茨的邮件，不敢怠慢，把唐骏找过去谈话。唐骏就把这套模式演示给他看。唐骏和微软就这样同时获得了机会，唐骏得到了重视和提升，而微软的Windows2000、WindowsXP都做到了全球发布的零时差，微软的效益又得到了更大的提升。

从倒数第一到后来的中国区总裁，唐骏是微软历史上唯一一位三次被授予微软公司最高奖——比尔·盖茨总裁杰出奖和杰出管理奖的员工，也是微软公司历史上唯一一位被公司授予终身荣誉总裁称号的员工，这些至高无上荣誉的背后是唐骏的辛劳为微软带来的巨大效益。

唐骏的事例充分说明了把知识转化为经济效益的重要性。在市场经济体制下，企业必须追求经济效益，这就注定了能否创造出效益将成为员工价值的体现，一个人创造的经济效益越高，企业回报人才的也就越高，反之，当一个人无法为企业带来较高的经济效益时，就注定了他被淘汰的命运。

现在很多刚毕业的大学生在找工作时，总是标榜自己是某某知名院校的高材生，有多高的学历，多深的学识，可这些如果不能在实践中转化为生产力，为企业创造经济效益，这些知识都将是虚无的，毫无用处的。因此，这就警示人们，在学有所成之后，一定要懂得将自己的知识和具体的工作结合起来，步入工作岗位后，多学习工作中的知识，从而创造出经济效益。

真正的人才是自己想办法为企业创造财富的人。哪怕你在技术上、在能力上是最强的，但在一家公司里不代表你是最值钱的。只有那些有长远目标、有想法、有创意、能把自己所学的知识转化为效益的员工，才是公司的功臣，才是最棒、最优秀的员工。

如何创造更多的经济效益？

1. 经常动手动脑，将知识融入到实践中。努力才有收获，奋斗才有成绩。只有经历艰难困苦，才能取得世界上最大的幸福，才能取得最大的成就。因此，作为一名员工，经常思考，利用自己的聪明才智为公司的发展出谋划策，全力以赴地做好自己的工作，既为公司创造利润，又为自己的发展奠定基础，从而获得双赢的结果。

2. 为公司着想，热爱自己的工作。热爱才能做到最好。心态是提升工作的保障，一个人没有优良的心态做基础，将难以主动思考改进工作的方法。只有站到公司的角度，时刻为公司着想，才能将经济效益挂在心头，时刻为经济效益而努力奋斗。那些得到升迁的人往往是对自己的工作无比热爱的人。他们把工作当成事业，因为他们对这份工作有着很大的兴趣。

当一个人对一件事有兴趣，他必然要投入很大的精力对它进行研究，必然要做得与众不同，必然要学习更多相关的东西解决不断出现的问题。通过学习等途径不断提升自己，使自己的价值不断增大，这样才能使自己立于不败之地。

职场拼的是效率，而非苦力

有人认为："我工作时间越长，越能显示出我的勤奋，越能创造越多的价值，老板越会喜欢我。"于是，他们天天忙忙碌碌，急急忙忙地上班，急急忙忙地走路，从早忙到晚，甚至主动加班到深夜，然而，一个月下来，他们所做的工作成果却不大，所创造的价值也不高，自然所拿的报酬也不多。

这类人是典型的大忙人，但这种忙只是瞎忙、穷忙，因为他们不注意工作效率，无法在相同时间内创造更大的工作成果。当别人可以在规定时间内完成任务时，他们还在裹足不前；当别人可以将工作在一天内完成时，他们却可能需要两天。

小欧与小琪既是同学又是同事，工作一年后，小欧获得了升迁，而小琪只获得了象征性的加薪鼓励。小琪很不满，她觉得自己工作努力认真、常常自动加班到很晚才回家，可以说是废寝忘食。而小欧工作很悠闲，还天天找主管聊天，只知道逢迎拍马，考核成绩怎么可能比她好？凭什么她受到公司重用？这一切应该属于自己才对。小琪越想越觉得不公平，气愤之下便提交了辞呈。

就在小琪临走的那天，总经理把她叫到办公室，让她去市场看看有没有卖荔枝的，小琪心里很疑惑，但什么也没说就去了。30 分钟后，小琪赶到那后，看到那儿有卖荔枝的，她不知道经理要不要买荔枝，于是又赶紧坐车回到办公室，只告诉总经理那儿有卖荔枝的。总经理又问她，“那些荔枝怎么卖？新鲜不新鲜？”小琪回答不出来，不得不再跑一趟市场，30 分钟后回来报告：“那儿的荔枝每斤 5 元钱，还算新鲜。”

总经理听后，当着小琪的面，又让小欧到市场看看有没有卖荔枝的，小欧马上问总经理：“请问您是要买荔枝吗？是有什么用途吗？”总经理告诉她打算送客户荔枝。

过了 1 个多小时，就见小欧眉飞色舞地拎着一箱荔枝回来了。她向总经理报告：“那里有两家摊位卖荔枝。第一家卖的 5 元一斤，但是个小，而且不太新鲜。第二家卖的 6 元一斤，但是个大，而且非常新鲜。我觉得，如果总经理自家食用可以买 5 元一斤的，但是如果要送客户，最好买 6 元一斤的，因为个大，看上去很有分量，不会丢面子。所以我就自作主张买了一箱 6 元一斤的。”

听完小欧的话，总经理很满意地点了点头，转而对小琪说：“现在你知道自己为何未被提拔了吧，就是因为效率啊！”听到这儿，小琪恍然大悟。

同样是一件买荔枝的任务，小欧和小琪搜集回来的市场情报与结果截然不同。小琪很认真但缺乏思考，来来回回好几趟才能把一件事情做好。而小欧一次就把事情搞定，不仅搜集了完整的市场情报还很高效、漂亮地完成了任务。两相比较，任何人都很清楚哪类员工才是优秀的员工。

职场拼的是效率，而非苦力。职场凭业绩说话，高效才能有高业绩。不管你多么辛苦忙碌，如果缺乏效率，没有业绩，给企业创造的利润少之又少，或者再不时地给公司造成损失，那么即使整天在公司里忙得团团转，又有何实在意义？

有人一直存在一种错误的观念："没有功劳还有苦劳，没有苦劳还有疲劳。"但是企业不相信眼泪，没有效率和效益的苦劳和疲劳对企业来说毫无意义，对你的事业发展也将是一个巨大的绊脚石。试想，哪个老板会聘用一个做事慢慢吞吞的"老黄牛"呢？

要有良好的业绩，仅仅靠勤奋和忙碌是不够的，还要懂得找到正确而有效的方法。一个做事拖沓、费事费力的员工已经不适应这个时代的发展步伐，这个时代要求的是高效率、高质量地做出精品的优秀员工。

因此，我们往往发现老板最喜欢的员工不是那些整天忙得不可开交的员工，而是那些能够高效工作，取得良好业绩的员工。因为高效才能创造好的业绩，而好的业绩才能创造好的收益，这是公司生存的第一保障。

所以，那些希望获得老板欣赏的员工都应该把效率当成工作的第一准则。人的精力是有限的，如何在一天8个小时内高效地完成任务，是每一个职场人士都亟待知道的职场秘籍：

1. 把工作划分成"事务型"和"思考型"两类，区别对待。"事务型"的工作不需要动脑，并且不怕干扰和中断，这就可以不必集中精力去做这类工作。而"思考型"的工作要求你必须集中精力，花费时间去思考，然后才能一气呵成。这就要求你不要匆忙去做，而要在日常工作和生活中先思考出好的方案：吃饭时想，睡不着觉时想，在路上想，外出游玩时想……然后迅速找出最好的解决方法，最后一气呵成。如此，既省时又省力。

2. 制订可操作性强的工作计划。制订计划的目的不是为了向谁报告，也不是给自己施加压力，而是让自己记住哪些事情需要去做，从而摆脱丢三落四、忙而无序的状况。

3. 学会管理时间。学会划分你的时间，按照事情的轻重缓急来安排在什么时间段做什么样的工作。比如，上午时，你的精力很充沛，你就可以做一些紧急的、较难的任务；而在下午时，如果你的精力不旺盛，头脑混沌，你就可以做一些轻缓的工作。如此分配好时间，才能更好地处理工作。

4. 遇事不拖延。“拖”是人的通病，也是影响工作效率的致命要素。不要把拖延看成是一种无所谓的耽搁，要有“当日事当日毕”的工作习惯，养成雷厉风行的作风，不要抱着“今天实在太疲倦了，明天再来做”的想法。殊不知，明天还有明天的新工作，这样积累下来的工作就会越来越多。

5. 每个小时做一次工作记录。如果你以 1 个小时或者更短的时间，把自己所做的事情都记录下来，那么，到下班时，你就能清楚地看到，在这一天里，你在工作上用了多少时间，又浪费了多少时间。

这种方法可以避免你浪费时间，从而更清楚地知道把时间都浪费在哪里。

“老臣”要忘掉老资格

传说，古罗马皇帝哈德良手下有一位征战多年的将军。有一次，他来到皇帝面前，提出晋升的请求。他说：“尊敬的陛下，我跟随您征战多年，大大小小的战役经历了不计其数，其中重大战役就有数十次之多，您是不是觉得我应该有一个更合适的职位呢？”

哈德良皇帝对人才的判断力很高。他懂得什么样的人适合什么样的岗位，而这位将军并不适合担任更高的职务，于是他随意指着不远处的战驴说："亲爱的将军，这些驴子至少参加过 20 次战役，可它们仍然是驴子。"

这个故事耐人寻味，它很形象地说明了一个道理：经验与资历固然能体现一个人的价值，但这并不是衡量人才的真正标尺。有些人可能在一家公司呆了很多年，付出的辛劳也很多，可谓是公司的"老臣"了，但他们并不是老板眼中的"功臣"，为什么？因为他们早年可能真的付出过辛劳，但时间长了，由于他们不求上进，只是日复一日、年复一年地重复自己习惯的工作方式，久而久之，他们的思维逐渐僵化，工作积极性逐渐减退，与之相伴的工作责任心和忠诚度也开始渐渐消失，取而代之的是他们的敷衍和惰性。这样的员工就算是老臣，当他们难以再为公司创造价值时，公司就会让他们下岗。因为公司要的是功臣，而非老臣。

林果从公司创业初期就在打拼，已经为公司服务十多年之久，算得上"老资格"了。

从入职之初的文员做起，到现在行政部经理这个位置，林果经历了很多，也付出了很多。在公司最危难的时候，她独力扛起了行政部的工作。那时她每天早出晚归，尽心尽力，每天处理很多繁杂、琐碎的工作，为公司解决了不少难题，创造了不少业绩。可以说，她是看着这个公司一步步壮大起来的，就像看着自己的孩子一点点长大。所以，她对公司有着极深的感情。但是十几年过去了，除了对公司内部的人情世故、工作流程、企业文化有更深入的了解之外，她的职业技能没有太大提高，她的眼光和思维已经跟不上时代发展的步伐。

最近，公司新聘了一位年轻的行政部副经理。这位副经理入职后提出了很多的行政工作改善建议，大大节减了行政成本，也提高了整个行政部的工作效率。由于有突出的工作能力与业绩，这位副经理赢得了上层领导的认同。慢慢地，原本很多属于林果的职责有不少已经转到了副经理身上。这让林果有种被架空的感觉。她总觉得自己已经没有价值了，危机感很重。领导几次找她谈话，让她安心做好自己的虚职，给副职提提建议、自己好好学习，准备转岗，但这些都没有效果。

林果越来越焦虑，总以为公司是“卸磨杀驴”，一天下午，她和总经理大吵一架后，气愤地向人力资源部提交了辞职信，正式辞职了。

林果工作到现在，工作思路与知识能力均遇到了相当大的瓶颈，已经不能适应企业当前的发展。而且她的存在也会给新人带来职业发展的“天花板”，担任虚职或离职是必然的结果。

这些老员工工作多年，经验非常丰富，忠诚度也很高。当老员工的能力知识不再适应企业的发展时，企业势必会做出裁员的举动，这是企业发展的必然。

从感情上而言，每一个公司的老板都不愿意对自己的“老臣”卸磨杀驴。“老臣”都是有功劳的，企业的发展与他们在创业过程中所付出的辛劳、智慧、奉献和奋斗密不可分，而且“老臣”的经验、“老臣”对公司的忠诚度、“老臣”对工作的熟悉程度以及“老臣”在员工心中的地位，对公司来说都是宝贵的财富，舍弃他们无疑浪费了巨大的资源。再说，对“老臣”卸磨杀驴势必让新的员工寒心、有所警戒，亦不利于公司的管理和发展，也使老板自己陷于不仁不义的角色。然而，一旦“老臣”不知进取，能力知识不再适应企业的发展时，如果让他们继续占据重要的岗位，不仅不能为公司继续创造价值，反而会带来负面影响，那么，公司继续留用他们也没有任何意义可言。

当“老臣们”哀叹自己的命运，抱怨老板的残忍时，可曾站在老板的角度想一想老板卸磨杀驴的真正原因？

“老臣”固然曾经是宝，但当他们无法跟随企业共同成长时，被淘汰就成了必然。所以，劳苦未必功高，企业看中的是功劳，而非苦劳。这也就不难理解，为什么有的员工辛辛苦苦一个月，最后所获得的报酬却远远低于其他员工，就是因为这些人没有创造出企业最需要的“成果”，而只是做出了“结果”。

所以，当“老臣”躺在自己的功劳簿上吃自己经验的老本时，那些“功臣”却正在以惊人的速度成长着，并不断创造着数十倍于“老臣”的价值。直到此时，“老臣”再幡然醒悟，也已经无法跟上企业发展的步伐了。

对这样的“老臣”，老板宁愿弃之不用，也不会容忍其阻碍公司的发展。老板会认为，出钱请员工做事，同时也花钱培养了他，已经不错了。目前职场人士所存在的以功臣自居的现象多数以员工被辞退为结局。

如果心态开放，愿意积极学习，不断向上的话还好；如若不然，动辄和领导顶嘴，弄得领导威信不在，其他员工还觉得领导偏袒，会产生一种不平衡的心理，这样下去的结果使他丢掉的不仅仅是一份工作！

在一个公司待久了势必会出现自己的盲点，公司初创时那股热情、那股打拼的韧劲随着公司日趋发展也慢慢消失殆尽。企业需要的是“功臣”，而非“老臣”。如果你不想成为老板“用之不得，弃之不舍”的棘手“老臣”，你就得想办法提高自己各方面的技能，尽快融入到新环境中去。

1. 不能“倚老卖老”。有些老员工总觉得公司是自己当初和老板一同创下的，甚至觉得没有自己就没有公司现在辉煌的成就，时常在新员工面前吹嘘不已，而且有的还看不起、排挤新同事。这样做是最愚昧的表现，你和他们相比，只是“资格老，有经验”而已，离开这个公司你什么都不是，换个工作你要从零开始，同样也是新员工。

2. 如果你是企业的“老臣”，千万不要故步自封，居功自傲，以为自己曾经为企业付出过什么辛劳，做出过什么成绩，就觉得自己会永远是企业的一块宝。其实，社会在不断变化，职场更是风云际会，作为“老臣”，尤其要懂得“不进则退”的道理，时刻警醒自己不要以老资格自居，而要懂得不断学习，不断进取。通过不断学习、充电，可以转变自己的陈旧思想、突破常规观念，在能力上能够适应企业新阶段的需要，积极为企业发展再立新功。

3. “老臣”要学会平衡心态。不要再抱着“当初我为公司做出了贡献，公司就应该回报给我更多的东西”的不平衡心理，要从另一个角度去审视这个问题，要明白，自己今日的优秀是企业当初的培养换来的，没有企业当初提供的平台，学到那么多经验，收获那么多阅历，自己怎么会有今日的成绩呢？所以，在看到工资、提成、奖金等表面的收入时，还要学会看到企业提供给我们的隐形收入——经验、社会地位、成长空间、前途导向等。

4. 向新同事学习。每个人都有自己的优点，新员工则思想更活跃，更有热情和创造力。与新同事合作，多接触有激情的人，从他们身上感染可贵的精神，问问他们保持充沛热忱的要诀，是你一生学不完的财富。

太阳每一天都是新的，身在职场，无论你曾经为公司做出多大的贡献，也不能安于现状，一直原地踏步，每天进步一点点，一切向新同事看齐，虚心与别人合作，不断为公司创造更多的价值，这样，你就是公司的“功臣”，而不是“老臣”。

第二章

增强适应能力

现代社会要求员工具有较强的适应力，以适应快速变化而又竞争激烈的职场江湖。现代企业也要求员工具有较强的适应力，以帮助企业应对各种困难和机遇的挑战，实现快速发展。假如你的适应力不强，就难以接受新事物，就难以抓住一闪即逝的各种机遇。一名优秀员工要像演员那样，当企业需要你转换角色的时候，你能很快进入新的角色，并创造出价值来。美国南加州大学领导学院创办人华伦·班尼斯在《奇葩与怪杰》一书中说：“适应力是每个人在面对生命的起伏不定与阴晴圆缺时，仍然能够活得精彩的能力。有人能从磨炼中汲取智慧，有人则在类似的经验中受伤屈服，成功的领导人和普通人的差别就在于此。”

锻炼自己超强的适应能力

“铁打的营盘流水的兵”，如今竞聘上岗与末位淘汰已成为职场常用手段，老板的眼光越来越挑剔；身在职场，大家心里充满了不安全感，恐怕哪一天自己会被别人取而代之。再加上许多企业还未翻身走出金融危机的寒冬，以及大学扩招留下的后患，人才竞争越发激烈。面对如此残酷的职场，我们必须想方设法提高自己各方面的能力，以适应职场不可预测的变化。

在公司里，老板宠爱的都是些立即可用、能带来附加价值的员工。许多老板在加薪或提拔员工时，往往不只看他目前的工作成绩，也不仅仅看他过去的成就，而是看这个员工是否有较好的适应能力，不管把他放在什么样的工作岗位、什么样的工作环境中，他都能做出一番成绩来。

是金子，放在哪里都能发光。只要你时刻保持竞争的理念和竞争的态势，通过不懈的努力，增强自己的适应能力，不断适应变化的环境，把自己打造成独一无二的“金牌员工”，奠定你在公司里不可替代的地位，即使职场多变，老板的心事难猜，你也可以在人才济济的职业竞争中与他人抗衡，占领自己的一席之地。

一位优秀员工要像演员一样，当企业需要他转换角色的时候，他能很快进入新的角色，并创造出价值来。美国南加州大学领导学院创办人华伦·班尼斯在《奇葩与怪杰》一书中说：“适应力是每个人在面对生命的起伏不定与阴晴圆缺时，仍然能够活得精彩的能力。有人能从磨炼中汲取智慧，有人则在类似的经验中受伤屈服，成功的领导人和普通人的差别就在于此。”

杜敏初入上海的一家外企时，只是一个小小的文秘，公司里跟她职位一样的文秘有5位，每天尽是做一些整理资料、为老板订机票等打杂一类的事。她是企业管理专业的博士生，以前在一家国企做人力资源经理，如今做一名小小的文秘，身边的人无不替她抱不平。然而，杜敏似乎不在乎别人的评说。“我觉得挺好，可以学到很多东西啊!”就这样，她抱着这种心态乐在其中，并且很认真地将本职工作做好。当别的几个文秘忙于谈恋爱、化妆打扮时，她却在研究如何将报告做得更完美。

在工作中，她兢兢业业，将各项事务安排得井井有条，每天她最早来到办公室，把一天的工作日程安排好，准备好要用的各个文件，把当天要接待的客人、要打的电话以及需要尽快处理的每件事都详细地列出计划。每一项工作她都力争提前完成，而且不出任何差错。

终于，她的一份报告得到了总监的高度赞赏，总监发现了这个人才，当即提拔她为总监助理。半年后，由于总监助理的工作做得很好，她又被总裁发现，成为这家外企唯一的总裁助理。

杜敏是一个好员工，她有着超乎想象的适应能力。不管公司安排她在什么工作岗位，给她什么样的工作任务，她都能做得很好，都能让自己像一块金子一样发出光来。

这个故事告诉我们：一个好员工必须有超强的适应能力，不断适应职场变换、岗位变化、环境变化，并且在不同的条件下都要做出优异的成绩来。一个员工适应能力不强，就无法胜任不断变化的工作，当新的工作任务来临或被安排到新的岗位上或遇到突发事件时，就有可能成为他人的手下败将，如此，势必会被老板认定你无法肩负重任。

只有不断增强自己的适应能力，才能在这个变幻莫测的时代成为企业不可或缺的人才。较强的适应能力表现为以下几个方面：

1. 对压力的适应能力。当周围的环境发生改变时，你能沉着冷静，承受来自外部的压力吗？一个富有适应力的员工在工作陷入困境时，能够冷静思考，分析问题的来龙去脉，胸有成竹，从容不迫，积极寻求解决问题的方法，而不是放弃或推托；一个富有适应力的员工在失败后，能够坦然面对，当没有完成任务或工作出现意外，现实与期望落差较大时，能够以平常心待之，不消极抱怨，而是积极寻找补救措施；一个富有适应力的员工懂得调节压力，让身体时刻精力充沛。

2. 解决问题的适应能力。一个富有适应力的员工在发生紧急状况或处于危机情况下，能迅速分析问题，想出多种解决问题的方案；当情况发生变化时，能迅速转变工作思路，调整工作计划，积极应对。对他来说，事情纵有千头万绪，也能梳理得一清二楚。

3. 人际关系的适应能力。一个富有适应力的员工具有良好的与人协作共事的能力，初到新的部门，他能够在短时间内获取同事、下属的认同；他能快速了解该部门的做事风格、工作氛围、工作目标和协作方式，主动调整自己的工作方式；他能和不同性格、不同做事方式的人一起愉快地共事。

4. 个人学习的适应能力。一个富有适应力的员工具有学习意识，他不固守已有的知识和经验，勇于打破曾经的心智模式，善于学习新观念、新技术、新方法；在日常工作中，他留意每一个可能的学习机会，汲取与工作相关的知识、技能，当他被委派到新岗位，接到新任务时，他能迅速调动已有资源，吸纳多方信息，从容驾驭局面。

适应能力是一种综合能力的体现，这需要从以下几个方面做起：

1. 与时俱进，具有发展的眼光。社会是不断向前发展的，工作中也充满了变数。不管你在职场打拼多少年，经验多么丰富，那都不是你的优势。经验也需要推陈出新，要用发展的眼光看待工作，不断学习、充电，不满足现状，积极迎接新的挑战，提高自己的职业技能和对社会的适应能力。有一技之长又对各行各业都能够涉猎的人，不管他在哪儿工作，不管他从事何种工作，都会发出金子般灿烂的光芒。

2. 认真刻苦，有努力打拼的拼劲。努力打拼才能不断提高自己的职业技能，在职场中做到游刃有余。你想鹤立鸡群，就必须具备鹤立鸡群的资本。优秀的员工必定是经历了从“沙子”到“珍珠”的辛苦打磨，经历了从“种子”到“金子”的长期飞跃，最后才会光芒四射。

3. 不怕压力，具有危机意识。永远不要认为自己做到了最好，要时常给自己加压，有压力才会有动力。职场中的较量就是看一个能否经常提醒自己“不前进就落后”，是否具有强烈的危机意识。这种危机感是一种居安思危的前瞻，是一种步步为营的稳健处世风格，只有这样，才能更好地保障自己在变幻莫测的职场中长久的发展下去。

机遇不能等着别人给

在职场中，有些人经常哀叹命运的不公，抱怨世上缺乏发现人才的伯乐，使自己难有施展才华的平台，或者认为领导偏心眼、不公正，不给自己提供机会，大有怀才不遇，生不逢时之感。果真如此吗？其实不然。上帝对待每一个人都是公平的，在给予别人成功机遇的同时，也给予你同样的机遇。但是机遇往往是突然、不知不觉地出现的。他就像一个“老顽童”，从来不会大张旗鼓地宣布：我是机遇，我来了。相反，机遇总是以一种隐秘的姿态出现，你工作的每一个细节都可能隐藏着巨大的机遇。

历史上有很多出身卑微的人，却做出了一番伟业，他们靠的就是抓住机遇的头脑。法拉第仅仅凭借药房里的几瓶药水，便成为英国有名的化学家；富尔顿发明了一个小小的推进器，结果成为了美国最著名的工程师；贝尔用最简单的器械发明了电话。

机遇从来只垂青有准备的头脑；没有良好的自身贮备，即使机遇来临了也抓不住。要想赢得难得的机会，就要在日常工作中勤学苦练，打下坚实的基础，培养自己的才能，壮大自己的实力，为迎接机遇的到来做好充分的准备。只有这样，才能获得他人的重视和肯定，最终获得机会的垂青！如果我们不能认识到这一点，那么，机遇随时随地都有可能从我们身边溜走，留给我们的，只有无尽的遗憾和失落。

周君是学生物专业的，这样的专业在科研单位很受欢迎，但是在出版社就不占优势。特别是跟那些新闻、中文专业相比起来，就更显得略逊一筹。但是，就是这样一个在同行里没有什么背景、人际交往能力也很一般的女孩，却在短短半年之内连升两级。关于她的迅速攀升，有的认为她在公司有熟人，有人认为她跟老板有关系，总而言之，各种说法不一，却没有人相信她是凭借自己的能力得来的。同事们觉得好运气特别青睐于她，才让她获得了别人不敢奢望的好机会。

那么，周君幸运的主要因素是什么呢？论学历，她没有优势；论口才和交际，比她能说会道、圆滑世故的人多的是。唯一的理由就是她踏踏实实地干好自己的本职工作，遵循是非准则，时刻尽职尽责。再加上偶尔出人意料地表现一下，对上司交代的任务非常认真地完成，以及对于某个同事出现的疏忽大意一声不响地更正过来，之后并不大肆张扬。她的努力终于赢得了上司的好感。并且，当他人抱怨工作索然无味、偷懒拖拉时，她却在发奋学习新的业务知识，了解产品更全面的信息以及所有重要客户的有关情况。是金子终究会发光，上司发觉她是一个可以委派大事的人，于是就提拔她，让她担负更重要的工作。

可见，是她自己为自己创造了好的机遇。

君子适时而动，英雄应运而生。机遇是成功的关键，没有机遇，成功就很难实现。但是，机遇是如何得来的呢？是等待，还是创造？居里夫人给我们回答了这个问题：“弱者等待时机，强者创造时机。”成功者懂得创造机遇，失败者则总是坐等机遇。

成功靠才华，靠实力，也要靠机遇——机遇改变命运。因为机遇是要自己去发现的，发现了你要有资本去抓住，还得要当机立断，然后按既定目标严格执行。最有希望成功的人，并不是才华最出众的，而是那些最善于发掘和利用每一个机遇的人。一个小小的机遇可以改变一个人的命运。能否善于抓住机遇，是一个人成功与否的重要条件。

有一次，一场激烈的战斗结束后，一个部将问亚历山大是否要等待机会来临，以便发起第二次进攻，去占领一个新的城市。亚历山大听完之后，顿时暴跳如雷地说："等待机会？难道你认为我们每次的成功都是等来的吗？机会是要靠我们自己拼命创造出来的！"亚历山大以其雄才大略征服了很多国家。他的胜利无一不是与其主动争取机会有关。如果他总是等待机会，也许他永远都实现不了征服世界的愿望，也无法成为一代英豪。

主动创造机遇还是被动地等待机遇？真正聪明的人应该主动去创造机遇。每一个人的成功无疑都是源于积极主动地去捕捉机会、尽情发挥创造潜力。倘若你总是画地为牢，甚至夜郎自大，那么你就永远只能是自我束缚，自己给自己判刑，永远只能坐等机会白白流失，空留悲叹。

一个人的成功带有很大的偶然性，但这种偶然性又绝不是偶然的，同时它还带有很大的必然性。因为他们主动地抓住了这种偶然，就成了一种必然。诸葛亮能够出人头地，除了他本身的才华外，更重要的是因为他抓住了刘备三顾茅庐给他提供的机会。抓住机遇就能获得成功，进一步说明了机遇是成功的关键！

怎样才能抓住机遇？

1. 学会识机，适时择机。职场信息包罗万象、层出不穷，要善于捕捉和辨析哪些信息是能够为我所用和符合个人职业发展的，做到"心中有数"。想要抓住机遇，让自己的职业生涯再上一个台阶，平时就要养成审时度势的习惯，随时把握市场信息和客观形势，利用自己的聪明才智，及时抓住对自己有利的大好时机。

2. 遇到机遇，见机而动。在机会到来时，不要患得患失，犹豫不决。要有挑战机会的勇气和胆略，用智慧去尝试，以智取胜。知道何时才能见机而动，平时就要注意培养自己处事果断的意志，坚决摒弃犹豫不决的弱点。行动需要决策，任何决策都有风险。要了解和判断职场趋势的变化，以"变"应变。机遇是自己抓的，不是别人给的。遇到机遇要大胆尝试，不给人生留下遗憾的一笔。

3. 提升实力，完善自己。机遇只偏爱那些有准备的头脑。如果你本身不具备一定的能力，就无法发现机遇。这就要求我们锻炼自身敏锐的观察力、准确的判断力、丰富的想象力和科学的预见性。不管是知识、能力还是品德、个人修养等，都要从各方面不断充实和完善自己。自身的综合素质得到提高，你会发现机遇到处都是，即使受到挫折，也能从逆境中奋起，再创辉煌。

实力是基础，成功是目的，机遇则是关键。没有基础的大厦是不存在的，没有实力的成功是不现实的。

学习，学习，再学习

“学习力”即学习的动力、毅力和能力。

专家指出：职业半衰期越来越短，任何高薪者若不学习，五年之内就会跌入低薪者的行列；任何低薪者若不学习，三年之内就会加入失业者的行列。市场竞争的激烈导致人才处于不断地折旧中，因此，未来社会存在两种人：一种是为工作和学习而忙的人，另外一种就是失业的人。

全球职业危机时代已经来临，同时，伴随着世界知识经济的兴起，有一种声音在不断地提醒我们：只有提高自己的学习力，不断掌握新技能，才能适应社会的需要，才能在残酷的竞争中不被抛弃。

企业间的竞争说到底就是人才的竞争，而人才的竞争，最关键的则是持久不断的学习力的竞争。作为人才的重要标志，在今天，除了要有知识之外，更重要的是要会学习，要有持久不断的学习能力。

企业苛求的是这样的人才，而员工若要将自己打造成企业的人才，就要努力把自己变成具备良好学习力的人才。员工的职业安全感只有通过不断学习，不断补充新知识才能实现。每个职场人士都应让自己的大脑像电脑芯片一样不断地“升级”，这样才能跟上市场变化和企业发展的需要。事实证明，未来属于那些热爱生活、乐于创造和通过学习来增强自己聪明才智的人。

IBM是一个很注重员工培训的公司，其培训过程非常艰辛而复杂，单是行政管理类人员的培训就为期两周，而销售、市场和服务部门的员工全部要经过三个月的“魔鬼”训练。内容包括：了解IBM内部工作方式，了解自己的部门职能；了解IBM的产品和服务；专注于销售和市场，以模拟实践的形式学习IBM怎样做生意，学习团队工作和沟通技能、表达技巧等。这期间，各种考试又非常多，包括做讲演、笔试产品性能、练习扮演客户和销售市场角色等。只有这些考试全部合格，才能成为IBM的一名新员工。如果谁在中途退场，将没有任何机会进入这家公司。之后，新员工还要接受5~8个月的业务学习。

IBM非常重视对新员工的栽培。他们给每个新来的员工都配置了各自的师傅，手把手教这些员工工作技能。在这种情况下，如果身为新员工的人不去主动学习，那么，他很快就会被淘汰。公司注重培养，但同时更注重员工工作的主动性、积极性。

从进入IBM的第一天起，IBM就给员工描绘了一个学习的蓝图。课堂上，工作中，经理和师傅的言传身教，员工自己通过公司内部的局域网络自学，总部的培训以及到别的国家工作和学习等等，庞大而全面的培训系统一直是IBM的骄傲。鼓励员工学习和提高，是IBM培训文化的精髓。如果哪个员工要求加薪，IBM可能会犹豫；如果哪个员工要求学习，IBM肯定会非常欢迎。

具有学习意识和学习力，才能不断更新自我，适应不断变化的世界，如此，你才拥有一件战胜他人的武器。

人在职场，不管身居何职也不要放弃学习，而应时刻具备危机意识。想纵横驰骋职场，在激烈的竞争中永远立于不败之地，就要在工作中边干边学，缺什么补什么，不断地完善自己。

大发明家爱迪生曾说：“问题并不是你是一个成功者或失败者，而是问你自己，你是个学习者，还是个非学习者。”爱迪生的故事已经家喻户晓，但对于他善于学习的美德却很少有人知道。他一生有过很多次失败，成功与他似乎永远无缘，但是就是在遭受到很多常人都无法忍受的灾难性打击时，爱迪生依然没有放弃过。他懂得成功的获得不是靠机遇，而是靠学习。不断地学习，从每一次失败中吸取教训和经验。

现代企业需要“多面手”的人才，不学习就出局，而勤奋好学是改变命运的最好途径。

如今的时代是个学习的时代，谁不学习，谁就注定会失败。社会呈爆炸式进步，如果没有定期充电，转眼之间就会被时代淘汰。纵使你已经功成名就，也不能停止学习的步伐，因为一旦停止，别人就会超越你。

增强学习力就要不断学习新的理念，不断学习先进的技术，改进和提高我们的操作技能和工作方法。具体应做到：

1. 保持空杯心态。大哲学家苏格拉底曾经说：“我唯一知道的一件事情，就是我自己什么也不知道!”只有永远保持这种谦虚心态，才能不断发掘自己的潜力，迈进成功的殿堂。要意识到每个人都有向他人学习的需要，要虚心向他人请教，而不要骄傲自满。你身边的每一个人都可以成为你的学习对象——你的老板、同事、下属、客户，包括公司的清洁工，他们身上都有你可以借鉴的东西。

2. 不断总结经验和教训。及时总结经验和教训是学习很直接很重要的渠道，这种方法可以让我们发现以往的过失，总结出对工作有利的东西，从而较好地运用到下一步的工作当中。

3. 关注在岗培训。公司在运作过程中，势必会遇到很多问题，有的连老板都无法解决，此时，及时进行培训是一种必需。公司一般会请同行业专业、权威的人士前来讲解，这对员工来说，无疑是一个极大的提高，它能让你学到很多新东西，接触到行业的前沿，而这就是下一步你要重点努力的方向。

说一尺不如行一寸

“宁做行动的巨人，不做思想的矮子。”要想到，更要做到，要落到实处，这是成功的必要条件。无论是哪个领域，不努力去行动，都不可能成功。王晓东用自己的实际行动充分证明了这一点。

俗话说：“说一尺不如行一寸。”任何希望，任何想法，最终都必须落实到具体行动中。只有把自己的美好憧憬付诸实践，制订出切实可行的计划，才能不断缩短自己与目标之间的距离，最终达成所愿。

许多事情的难度由于我们的犹豫不决而加大。事实上，事情并没有我们想象的那么艰难，只要我们抛弃一切杂念，蔑视一切困难，马上付诸行动，偶尔有意识地让自己吃些“苦头”、经历些“磨难”，经历的多了，自己解决问题的能力也会随之提高，适应社会的能力也自然增强了。

“积极行动”就是“好运气”的同义词。只要专心致志去做好你现在所做的工作，坚持下去直到把事情做好，成功就会来到。一个人想达到自己的目标，追求自己的成功，就必须学会立即行动。立即行动不但是一种良好的习惯和态度，也是每一个成功者共有的特质。无论什么事情，你一旦拖延，就会总是拖延。如果你一旦开始行动，通常就能坚持到底。凡事采取行动就是成功的一半，第一步是最重要的一步，行动永远应该从第一秒开始，绝不是第二秒。立即行动也是抓紧每一分钟，在行动中实现自己的想法。这是自我激励的警句，是自我发动的信号。

内蒙古金河集团的董事长王晓东在19岁时，曾经在建筑工地上做材料员。王晓东很珍惜这份工作，希望可以长久地干下去。为了能够被领导重视，成为单位不可缺少的人才，他日思夜想，终于想出一个好主意：他看到工地的生活非常枯燥，就自己掏钱买了《三国演义》、《水浒传》等名著，认真阅读后，又讲给大家听。这种休闲方式深受大家的喜欢。

有一天，领导来工地检查工作，意外发现王晓东竟然有这么好的口才，便将他提升为公关业务员。

王晓东备受鼓舞。在此后的工作中，他总是通过各种方式寻找更好的解决问题的方法，想好了就去做，一次不行，两次……每次都将想法付诸实践，使得他在工作中游刃有余。领导对王晓东处理问题的能力非常满意。渐渐地，他就成了领导的左膀右臂。

在一次谈话中，他无意间听工地领导说，公司本来承包了一个大工程，但由于有很多困难，公司打算放弃。王晓东觉得这是一个创业的良机，放弃了太可惜，就想尝试一下。领导看他满腹热情，平常又善于动脑，就把这个困难重重的工程交给了王晓东。他凭着灵活的脑筋和飞扬的激情，在这个工程中敢于创新、勇于实践，漂亮地完成了那个大工程。几年之后，他成了金河集团的董事长。

从一个普通的打工仔到一个集团的董事长，王晓东的成功与他敢于行动，敢于尝试有着巨大的关系。

杰克·韦尔奇曾经给年轻人这样的忠告：“如果你有一个梦想，或者决定做一件事，那么，就立刻行动起来。如果你只想不做，是不会有所收获的。要知道，100 次心动不如一次行动。”

工作中，很多人总是抱怨老板没有发现他们的才能，其实，是他们自己没有将这种才能付诸行动。凡事要敢于尝试，敢于创新，勇于行动，才有可能成功。很多员工总是害怕失败，担心做砸了老板会怪罪，会扣罚自己的工资乃至将自己辞退。其实，只要努力了，哪怕最后失败，也是值得的。

人在职场，抓住一切可能的机会，自觉参加各种社会实践，以丰富感性认识，磨炼意志，在实践中提高自己对社会的适应能力。如通过同事间的合作、交流、集体活动、解决工作中具有挑战性的难题等，不但可以积累自己的工作经验，还能使自己从实践中获得学习与表现的机会。

一次机会就有一次实践，一次实践就带来一次阅历的增长。只要你大胆去做了，不管结果如何，对自己能力的提高和以后的人生都起着至关重要的作用。

以下是几点建议：

1. 心里有了一种想法，要及时付诸行动。不付诸行动，却束之高阁，这样永远都看不到希望的曙光。美国著名成功学大师马克·杰弗逊说："一次行动足以显示一个人的弱点和优点是什么，能够及时提醒此人找到人生的突破口。"

2. 克服拖延的毛病，培养自己"立即去做"的习惯。这本身就是一个良好的开端，它会带动你更容易地去做更多的事情。也许刚开始你难以做到，但是为了更好地去做，你可以分割目标，设定期限，并且及时检查督促自己的进展。困难和疲劳往往是习惯于拖延的员工放弃工作或者拖延工作的借口之一，但实际上，无休止地拖延一件没有做完的工作会更加令人感到疲劳。其实，疲劳感并非不能控制，而拖延也并非不能杜绝。早一些完成工作，你就可以早一些得到安稳的休息。每做完一件小事，都会增强你对工作的信心。

3. 多请教。行动难免会遇到困难，此时，要学会开动脑筋，遇到不懂的问题向有经验的前辈请教，且不可闭门造车，因为没有经过实践的东西一般难以证实其可行性。

学会处理突发事件

"我身处职场好几年了，怎么也算得上资深人士了，我在日常工作中游刃有余，可是一旦遇到突发事件，大脑就仿佛不会思考，不知道该如何应对。""工作中我最讨厌突发事件，每次碰到我都手足无措，好像大脑不听使唤一样，好几次全靠同事帮忙才顺利解决。真的不知道是自己太笨，还是那些事情本身就很棘手。”“遇到突发事件，我不知道从何下手，万一办砸了怎么办？能避就避吧！”

在职场中，这些现象并不鲜见，我们在工作过程中总会遇到一些意想不到的突发问题，许多人往往不知所措，感到困难重重，无从下手，产生极度的畏难情绪。而有人则将这些突发事件处理得很好，显示出超强的解决问题的能力。

其实，“最大的敌人就是你自己”，只要我们敢于颠覆自己最初的盲目决定，能够听从别人的建议而做出符合局势要求的新主张，就有可能将问题解决得很漂亮。

案例一：

一家建筑公司期待已久的一个项目终于竣工了，项目经理邀请了总公司五位领导前来出席这个隆重的剪彩仪式。待一切准备就绪后，他突然发现台下还有一位相当级别的老领导也来了，就兴奋地把这位领导也拉上了台，共同参加这次剪彩活动。可是事前准备的剪刀仅有五把，等一会儿剪彩时，将会少一把剪刀，怎么办呢？大家把心都提到了嗓子眼儿，眼看就要出洋相了。

在这紧要关头，参与这次剪彩仪式准备工作的公司职员张磊迅速从衣兜里掏出一把剪刀跑到台上递了上去。六位领导喜气洋洋地剪完了彩，台下响起一片热烈的掌声。一位老员工在惊吓过后，充满敬佩地问张磊：“你怎么知道还会叫一个人上去？”张磊平静地说：“如果老总再叫一个，我这边口袋还装着一把呢！”

案例二：

张好是公司的文秘，常常有很多突发事件要她处理。比如，员工突然病倒了，把员工紧急送往医院就是张好要做的事；公司临时接待客户，发现缺少什么物品了，也需要张好去想办法。不过，虽然突发事件很多，但是张好已经适应了，而且每次都处理得很好。

一次，公司装修，要将员工的办公物品在一天之内全部搬离原来的办公区。公司将这一任务交给了张好。这并不是一个好差事，相反，还是一个出力不讨好的事。果不其然，当她通知大家后，只有少数人听命行事，其他的人，特别是销售部的人，不仅迟迟不打包整理物品，还扬言“销售部是公司主力军，怎么能干这种事”。张好发扬了雷厉风行的性格，当即找到销售部总监，说如果他的手下不整理好东西的话，她将把他们的东西全部倒进垃圾桶。果然，这招很灵，他们最后也在规定时间内完成了任务。

由于这次张好表现精彩，公司给她加了薪，升了职。

行走职场，如果遭遇突发事件，你该如何应对呢？如果你仍然只会在“转身就跑”与“勉强死撑”中二选其一，那么你很快就会在竞争中处于下风，成为企业可有可无的人。

人在职场，我们不仅要把自己的工作做到位，还要像张磊、张好一样能够洞察全局，用长远的眼光看待工作，思考工作，把握好每一个细节，这样在遇到突发事件时就可以及时补位。有时候，合理的补位能让自己的工作变得更加圆满出色，能将突发事件的不良影响降到最低。想他人所未想，你才能随时应对可能发生的各种问题，才能把“泥饭碗”变为“金饭碗”。一个善于积极思考、解决问题的人老板最喜欢，因为他们无论到了哪儿都能够独当一面，都会发挥积极的作用。

遇到突发事件，有的人显得惊慌失措，有的人却是从容不迫。面对问题时，从容不迫的人能够采取积极、具体的行动来表明自己对突发事件的态度和应对措施。不是因为他们能掐会算，知道什么时候要出什么事，而是他们善于洞察全局，时刻为公司着想，为避免公司可能出现的各种危机提前做好了应对措施。

你应该如何应对突发事件?

1. 善于分析，积极应对。当在职场中面临突发事件时，首先应该弄清楚事件的实际状况，如事件影响面的大小、影响的严重程度等；其次，分析促使突发事件产生的各种可能原因和由此造成的不良影响，确定可行的应对策略；最后，从大局出发，尽可能快速地采取能够表明“积极态度”的具体行动来进行补救，切不可在现行的规则中徘徊而错失最佳良机。

2. 加强演习，培养“危机”意识。先“演习”一场比你要面对局面更复杂的战斗。如果手上有棘手活而自己又犹豫不决，不妨挑一件更难的事先做。危机能激发我们的潜能。不要以为自己能刻意地创造出舒适的生活，可以设计出各种越来越轻松的生活方式，使自己生活得风平浪静。我们要明白，从内心挑战自我是我们生命的源泉，否则，我们只能坐等危机或悲剧的到来。

3. 迎接挑战，不退缩。遇到突发事件时不要恐惧，更不要退缩，要迎难而上，借此机会锻炼自己的心理素质和处理突发事件的能力。世上最秘而不宣的体验是，战胜恐惧后迎来的是某种安全有益的东西。哪怕克服的是小小的恐惧，也会增强你对创造自己生活能力的信心。相反，如果一味想避开恐惧，恐惧就会对你穷追不舍。此时，最可怕的莫过于双眼一闭假装它们不存在。对于我们来说，最重要的是要迎战恐惧，增强自信。

4. 遭遇“火情”，大胆决定。在职场中遭遇“火情”，我们需要大胆做出决定，有时这些决定也许会违背常规。不然，很可能让我们本人或自己的团队在时间的拖延中面临更大的信任危机。

第三章

提高领悟和理解能力

领悟和理解是执行的前提。对简单的日常工作，领悟和理解能力大多不是障碍。但对需要你独立完成的新任务，领悟和理解能力就具有决定性了。倘若没有超强的领悟力，你就无法快速、准确地理解公司的方针、政策，就无法正确地领会老板的真实意图，就无法很好地与同事协作，就无法与客户高效地洽谈、合作。

提高领悟和理解能力，就要学会凡事自己思考，就要时常与老板换位思考，就要锻炼自己的记忆力以及注意力。

成功的真谛其实不在于你的能力有多大，而在于你是否具有超越于别人的领悟力。

不要总问个没完没了

初入职场的“新人”大都有一个共同特点：还没有成功转换角色，心态还停留在学生时代，习惯了“填鸭式”的学习方式，遇到问题不会自己思考，而是凡事询问老板或等待着老板来解答，“为什么”成了口头禅，以为这是好学的表现。事实上，这种做法是错误的。进入职场就进入了人生的另一个阶段，这个阶段的主要任务是工作，没有人听你没完没了地询问。

老板在下达任务时通常会加上一句：有问题就提出来。有了老板的鼓励，有的员工铆足了劲地发问，不分轻重缓急，以为问多了就是好员工，以为这样老板就会赏识自己；有的员工为了充分地表现出对老板的尊重，在执行任务的过程中，每一步骤都不厌其烦地询问老板；有的员工对自己不自信，对所做的每件事都要经过询问、确认才敢动手。如果员工就大小事端，不分主次轻重、巨细靡遗地询问老板，就会占用老板大量的时间和精力。如此这般，老板对这样的员工肯定会唯恐避之而不及。

公司不是幼儿园，老板没有时间和精力一步步指导你的工作，你的进步和发展必须建立在主动学习知识、积极解决问题的基础上，不要指望什么都由别人来告诉你答案。你应该学会认清时局、分清主次，从周围人身上学习经验，从经验中汲取力量，学会分析问题、解决问题的方法，这样才能成为受老板欢迎的人才。

小丽毕业后进入一家互联网公司做客服，在心态上还是将自己当学生看，加上初次进入职场非常紧张，小丽成为客服部门的“问题王”。

开始时，主管和同事对小丽的诸多问题还表示理解，因为她才进公司，有很多地方不明白。可是，小丽的问题越来越多，很多简单的问题都被重复地提出，每次开会小丽都抱着笔记本问个不停，记个不停，使得会议无法正常进行。

主管单独找小丽谈这件事，小丽非常委屈：“我问问题也是为了学习。如果我不明白又不提出来，那我要怎么工作呢？难道好学也是错吗？”

主管苦口婆心地分析利害，但是小丽就是听不进去。小丽最终没有通过公司的试用期，带着满腹的遗憾离开了公司。

即使在学生时代，老师们也是鼓励学生要独立思考、独立解决问题，而不是一味地询问老师。习惯没完没了提出问题的员工，并不能证明他们多么敬业或者有责任感。他们大多没有独立思考问题的能力，没有积极解决问题的心态。他们缺乏自信，不相信自己能独立解决问题。他们依赖性较大，这样的员工注定要被淘汰。我们进入职场的主要目的是为了工作，为了解决问题，没完没了地提出问题不但耽误了他人的时间，也耽误了自己处理事情的时机。

我们必须养成独立解决问题的习惯，遇到问题不要急于寻求他人的意见和答案，要从自己掌握的知识和方法出发，制订出自己的解决方案，然后再参考同事的意见和做法，取长补短，提高解决问题的能力和效率。

公司需要的员工是能解决问题、为公司做出贡献的员工，适当的询问可以表现出员工对老板的尊重，而过度的询问会让老板怀疑这个员工的素质和业务水平。每一步工作都要询问，只能说明这个员工缺乏自信，不善于思考，缺少独立解决问题的能力。这是职场发展的致命伤。

不要对他人有依赖性。不管是主管还是同事，都不是你在职场中可以永远依赖的人。你能依靠的只有自己。你必须提高自己解决问题的能力，不断进步才能在职场中站稳脚步，进而寻求发展。记住：

1. 勤于思考，多做胜于多问。实践出真知。遇到问题最重要的是独立思考，从自己过往的经历、经验和知识中寻求解决问题的方法，只要多思考、多实践，世界上没有解决不了的难题。别人提出的方法永远是别人的，只有自己经过思考得出的方法才能成为属于自己的宝贵财富，才能在今后的工作过程中发挥作用。遇到实在不懂的问题，不妨先看看别人是怎么做的，在默默地学习中跟上公司的脚步，千万不要把“无知”当成荣耀。

2. 将问题分类，弄清关键问题，主动寻找解决问题的方法。将不明白的问题分类，方针、政策、方向等问题必须在第一时间弄清楚，这样才不会偏离了公司方向，在这些问题上千万不能自作主张。解决问题的方法就要尽可能依靠自己来寻找，尝试不同的方法，即使失败或者走了弯路，也为以后解决问题积累了经验。

3. 从问题中汲取养分、举一反三，不重复问同样或类似的问题。有些问题需要实际经验才能解决，如果不具备这种经验，可以请教老板或同事，将绕弯路的时间节省下来。但不能在解决问题后就将方法遗忘。要学会从问题中汲取养分，发挥主观能动性，举一反三，使每个问题的解决都成为我们进步的契机。

三思而后行

职场中，有人做事喜欢完全听从老板的吩咐，而不会思考，所以很多事情由于没有经过自己的深思熟虑而做得差强人意，与老板的意图相差千里。他们认为，只要服从老板的命令，踏实、老实、本分地工作就足够了，至于自己的一些想法还是不加入为好，免得与老板的意图相左，免得将事情搞砸。如果你还秉承着这种工作态度，那么，你永远无法把事情做好，你的事业也难以得到长足的发展。

大凡在职场中取得成就的成功人士，几乎都有一个共同的特点：善于思考，主动行事。面对老板的吩咐，他们不会被动地接受，按部就班，不假思索地去做，而是主动思考，借由自己的智力、知识与经验尝试解决问题，寻找最佳的解决方案。有人说，何必呢，你这样思考了一通，费尽心思地想出了很多你自认为很好的办法，但最后未必被老板采用，又或者被别人认为你故意卖弄小聪明。但是，一个明智的老板不会这样想，他会非常欣赏这样一个肯主动思考问题的“另类员工”，因为能够主动去思考的员工一方面表现了他具有主动的工作精神，另一方面也说明了他把这份工作当成了自己的事去做，而不是仅仅抱着“为公司、为他人做事”的想法。此外，通过这个过程的思考，我们也能拓展思路，开阔视野，长期积累下来就是一笔可观的财富。

老板是企业的决策者，他只能提出一个大概的做事方向，并不能为你指出事情的具体做法。老板通常都是大忙人，他没有时间站在你的身边时刻给你指引下一步该如何去做，属于你自己的任务就要自己去解决，而不要等着老板指点迷津。你要时刻清楚，老板聘用你的目的是让你帮助他做事，而不是让他帮助你做事。

某大型公司的营销经理每次有什么新的想法都会先讲给他的两个助理听，两个助理每次听完经理的想法后反应各不相同：甲总是恭敬地站在经理的办公桌前，详细地记录经理说的每一句话，等待着经理的下文；乙听完经理的想法后，都会思考一会儿，然后提出自己的见解，用求教的态度和经理沟通。经理每次对乙的见解都表现出极大的兴趣。

甲对此颇不以为然，他觉得乙太爱表现自己。甲认为，经理已经提出了想法，等经理提出完整的方案他们认真执行就行了。就这样，甲依旧按部就班地工作着，而乙的想法越来越全面周到。经理不久后升职，乙被经理推荐当上了公司行销部的经理。

甲乙两人同时进入公司，经过两年的时间，甲还是助理，勤勤恳恳按部就班地协助经理工作；乙做了经理，推出的一系列行销方案为公司带来了巨大的收益。

每个人进入职场都想要实现自己的价值，得到更好的发展空间。每个职员的目的相同，但能不能实现，却要依靠各自的努力。除了不断地提高自己的业务水平，是否勤于思考、善于思考会起到决定性的作用。

在职场中，老板是我们的雇佣者，他为我们提供工作环境、机会、设施、薪水及升职的空间；我们为老板工作，付出劳动，为公司获取收益。老板需要的是能为他出谋划策共同进步成长的员工，而不是不会思考、被动做事的机器人。

对老板吩咐的事，先自己思考，这是一种对自己、对工作、对老板负责任的态度，是一种积极开发、培养自己思考问题、解决问题能力的智慧。察言观色，帮老板说出他想说的话，领会老板的潜台词，清楚老板的意图，这是一种职场生存智慧。

对老板吩咐的事要认真听完，全面了解事件的情况，结合公司的现状以及老板的性格得出全面合理的结论，以公司的利益为优先考量，制订可行的方案，而且方案最好有多重选择，再慎重地向老板表达想法、提出方案。这才是一个员工成熟地应对老板吩咐的方法，才能使你得到老板的信任和赏识。在职场中，决定你命运和前途的人就是老板，只有合理全面地应对老板的吩咐，才能在职场中无往不胜。因此，你要记住以下两点：

1. 改掉急性子，养成积极思考的习惯。改掉“口”比“脑”快的习惯，无论遇到什么事，都提醒自己先思考，这不仅可以锻炼自己解决问题的能力，还可以避免在冲动中做出错误的决定，同时也给自己争取一点缓冲的时间，有利于更加全面地考虑了解问题。千万不能先乱了阵脚，发表不成熟的言论，或者放弃思考，一味依靠老板或者同事解决问题。让思考成为我们的习惯，每一次脑力激荡都会为我们带来新的想法和经验，不要因为懒惰而丧失了“思考”这个强大的武器。

2. 大胆思索，小心表达，不要不懂装懂。老板指派任务后，要在第一时间反射性地进行思考，全面调动自己现有的知识和资源对任务做出一个初步的评断，要大胆思考、摆脱常规、结合实际情况和老板的要求做出评估。对于不懂的事，可以用巧妙的方法先绕开，如：“请给我十分钟时间，我会给您一个全面的方案。”千万不能不懂装懂，随声附和。

参透老板指令的真实含义

面对老板下达的指令，有一类员工会不假思索地执行，他们认为服从老板是员工的天职；另一类员工自作聪明，按照自己揣测的意思行动；还有一类员工会先思考老板下达指令的原因和场合，结合多种因素考虑，时刻注意老板的动向，参透老板的真实含义后再行动。这三类员工中，第一类数年如一日地在最基础的职位上工作，第二类或早或晚被老板解雇，只有第三类员工才是老板真正需要的员工。

老板需要的是可以准确了解他的想法、支持他、处处以他的利益为先、一点就透的员工，这样的员工替老板节省了时间和精力，可以为公司做出更大的贡献。老板和员工的关系非常微妙，既需要合作，又存在一定程度的对立。这种微妙的关系使双方都有了不自觉的保留。老板在下达指令时多了几分隐晦，作为员工切不可简单行事或妄自揣测，否则，会给自己在职场的发展和在老板心中的地位带来负面影响。

王经理把手下两位得力干将甲和乙叫进办公室，下达了一项任务：总公司准备将今年度的交流培训会议交给你们所在的分公司举办，请你们提出一个可行的方案。王经理特别强调要慎选这次培训的主题和培训讲师。

甲一听到经理说“交流培训会”就兴奋了，筹办会议是他擅长的工作，他觉得自己的机会来了，立即开始和经理谈起他理想中交流培训会的规模、场地、培训内容等想法，一谈就停不下来。

乙听完王经理的话并没有急着发言，冷静地思考。

王经理不停变换坐姿，甲没有发现王经理的不耐烦，王经理只能趁着甲说话的空当问乙：“你有什么想法?”

乙回答：“经理，请给我一些思考的时间。”

王经理让甲乙回去准备方案。甲很快就呈上了一份华丽浮夸的会议方案。乙在听到王经理下达任务时，立即想到王经理即将退休了，这是王经理在任的最后一个重要会议。王经理为人爱面子、爱说教，如何让王经理的才能在本次会议上得到发挥成了乙考虑的首要问题。经过思考，乙根据王经理的经历制定了一个“从草根到高管之路”的培训主题。王经理采纳了乙方案。王经理作为这次培训会议的培训讲师，在这个会议上获得了无比的满足感和荣耀感。

交流培训会取得了圆满的成功，总公司对分公司和王经理做出了嘉奖。之后，王经理退休，乙得到王经理的力荐而坐上了经理的位置。

人与人之间总有一些“说不出口的秘密”，其中的真正含义需要我们通过默契来了解。老板和员工之间的微妙关系使员工更要具备良好的理解能力，参透老板的真实含义，圆满地达成老板的要求，这是我们想要在职场取得成功的必备素质之一。

老板所处的位置、身份、背景以及一些不知名的原因，让老板无法将很多需求直接讲出，这时候我们就要做一个“贴心”的员工，不需要老板多费口舌就知道该怎么做，这样才能得到老板的器重，进而在职场中获得更好的发展空间。

站在老板的角度为老板多考虑、认同老板的理念、和老板站在统一战线、主动为老板排忧解难，这是一名优秀的员工应该做到的，也是老板对员工的要求。员工要谨记自己的身份和老板的地位，参透了老板的真正含义更要保持谦虚低调，不能因此而沾沾自喜，更不能抢老板的功劳，否则会因此而遭到老板的厌恶。

参透老板指令的真正含义，不等于随意揣测老板的心思。老板都喜欢聪明而不是自作聪明的员工。要把握与老板沟通的语言技巧与说话的时机、场合，依据老板所处的场合和当时的心情，注意老板的眼神和动作，仔细揣摩老板的真正意图。千万不要自作聪明，把老板当傻瓜。

要正确参透老板指令的真实含义，应做到以下几点：

1. 充分了解老板的背景和性格。知己知彼方能百战百胜，在员工和老板这场博弈中，只有全面掌握信息，洞察先机，才能立于不败之地。了解老板的背景和性格，有助于我们在领悟老板的命令时更加全面地思考，也让我们更容易了解老板思考问题的角度和方向，进而做出符合老板喜好和需求，同时又可以达到目的的决定。

2. 察言观色，换位思考。参透老板的真实含义是一门学问，需要我们从多方面考虑。在和老板交谈时，注意老板的面部表情、词语选择、肢体动作，考虑指令下达的时机，懂得换位思考，从老板的角度考虑问题可以帮助我们体会老板的心思。

站在老板的角度思考问题

“老板太霸道，什么都得听他的，不容商量。”

“老板太抠门，这么热的天也不舍得开空调。”

“老板太不讲人情，这么累的任务做完了，还说不合格。”

……

李开复先生在《做最好的自己》一书中有这样的一句话：“我怎样对待别人，别人就怎么样对待我。想他人理解我，就要首先理解他人。将心比心，才会被理解。”这句话的意思其实就是换位思考，学会站到他人的角度、立场去思考问题，而不是一味地从自己的立场出发。

在职场中，我们相处得最多的人除了同事，还有老板。与老板相处要学会换位思考，才有可能成为老板的红人。做一个优秀的员工，首先要学会理解老板，这也是学会与老板换位思考的基础。只有用心理解老板了，才会像老板一样地去思考问题、去行动，你也就具备了老板的心态和思维。也只有以老板的心态对待公司、对待工作，你才会被老板认可，成为老板的得力助手。

人们总是给老板冠以固有的特点：像铁人一样坚强；承受得住任何压力；解决得了一切问题；不讲人情；苛刻，霸道；等等。员工固然要站到自己的角度去看老板，其实，只要互换一下角色，你就会明白做老板的艰辛、无奈和压力。

有的员工抱怨老板苛刻，不讲人情。就这个问题，我们换位思考一下，假如自己是老板，当面对一个员工所做的劣质产品时，你是什么心情？不苛刻就无法做出好产品，就无法满足客户的需求，就无法见效益，也就无法养活企业。所以苛刻是必需的，可以说，苛刻是老板对企业的一种责任的表现。

员工固然辛苦，但老板也不像我们所看到的那么光鲜，他辛酸的一面只是被我们忽略了。在职场上，员工只需要对老板负责，而老板却要对每一个员工负责；员工只需要做好自己的本职工作，而老板却要协调全局；员工有业余休息时间，老板却分秒不敢懈怠工作。企业倒闭，员工可以再找工作，而老板却可能是几十年的心血毁于一旦。因此，在这个充满竞争的社会里，不要认为只有员工的压力大，还要懂得站在老板的位置上去思考。

有一句歌词说：大丈夫，不好做，再痛苦，也不说。其实老板也有很多压力和痛苦，只是更多的时候他选择了隐藏，或者说是没有地方可以诉说。谁让他是老板呢？这就需要我们在工作中、在与老板的事业配合中，能够学会换位思考，理解老板并做出优秀的成绩。这样的员工自然也会为任何一个老板所重用，成为公司的顶梁柱。

叶辰锋毕业于一所著名大学的商学院。从名牌大学走出来的叶辰锋意气风发、踌躇满志，立志要在社会上干一番大事业，做一名成功人士。但是，在叶辰锋进入公司的三个月后，他决定辞职，他觉得自己已经无法再在这个公司待下去了。

叶辰锋的决定被他的一个朋友知道了，他的朋友表示疑问："这家公司很有名气，你在这里的发展空间也很大，为什么要提出辞职呢？"

叶辰锋有些愤怒地说："你不知道，部门的同事都是小心眼，鼠目寸光，还有一些同事看我不顺眼，处处和我过不去。重要的是我觉得经理很无能，在他的手下工作我就没有了出头之日，会浪费掉我的才能。我实在忍无可忍了，不辞职的话迟早要崩溃的。"

"为什么要这么说呢？"他的朋友仍然不能理解。

"经理什么也不干，把所有的活都交给大家，你说他还有什么本事呢？同事也跟我过不去，总是交给我很多活儿，并且嘲笑我，你说我还能在这干下去吗？一定要辞职，不然我真的要崩溃了。"叶辰锋说。

他的朋友笑着问："那如果你是经理，你会怎么做呢？"

叶辰锋一时不知道说些什么。他的朋友继续说道："你是商学院毕业的，你应该明白，作为管理者，他的主要任务不是冲锋到一线，而是要解决下属工作中的困难，为部门争取到更多的利益和资源。如果他也像其他人那么干，他就不是一个管理者而是员工了。这是经理的角色决定的。"

叶辰锋还是一脸的不服气，只是语言有些缓和："那他也不能把所有的事情都推给我们干吧？"

"那你觉得他都在干些什么呢？喝茶、看报纸、聊天吗？我想他不是。你站在他的位置上想想，他要协调部门内部的工作，还要协调部门之间的工作，遇到下属有解决不了的问题他要采取措施去解决，他还要预测工作中可能会出现的问题，等等，这些都是他的职责。你怎么能认为他什么也没有干呢？"他的朋友反问他。

叶辰锋沉默了。

叶辰锋刚刚走出校门，缺乏工作经验，又不懂得换位思考，因此很容易对经理和同事们产生偏见。如果说，叶辰锋是因为缺乏工作经验才心有不平而产生辞职念头的话，那么，一些公司的元老和功臣是不是也会犯叶辰锋的错误呢？这样的人也不少见，虽工作多年，但并不懂得换位思考，因此对待工作懈怠，处理不好与老板和同事之间的关系。

换位思考，其实是我们学会做人、学会做事的第一步。孔子说："己所不欲，勿施于人。"说的就是我们在做每件事情之前都要站在别人的位置上思考一下，如果我们自己都不希望事情是这样的发展结果，那么就劝自己不要再那样去做。

学会了换位思考，遇事才能够设身处地站在别人的立场和处境思考问题，才能在职场上找到自己的位置。作为一个员工，站在老板的角度去思考问题，理解老板的苦衷，想老板所想，急老板所急，你才能学会像老板那样去思考、去追求，像老板那样去奉献、去行动，也因此才能具备老板的素质和能力。

在工作中，我们应该如何学会与老板进行换位思考呢？

1. “己所不欲，勿施于人。”自己不愿意做的事情就不要再施加给别人。这就是说，你自己希望怎样去工作，就要理解别人也希望怎样去工作；你不希望工作中受阻，那就不要在工作中去为难别人；你希望别人怎么对你，你就同样去对待别人；你想达到什么目标，就帮助别人去实现类似的目标。

2. “吃得苦中苦，方为人上人。”老板创业也承受了巨大的压力和风险，仅这一点就是你现在所做不到的。老板今日的成功是他付出了超出别人百倍、千倍的心血和汗水得来的，不要只看到老板光鲜的一面。

3. “谁肚疼，谁知道。”或许员工有员工的难处，但要想到老板也有老板的苦衷。作为一名员工，不要只看到自己的得失，还要顾及公司的全局。集中精力帮助老板解决经营中的各种困难，这才是一名员工真正应该做的。

4. “将心比心。”作为公司的员工，我们要从对方的角度出发去想问题，将心比心地去充分理解老板。只有这样，才能使整个公司形成一股凝聚力和战斗力，才能使公司在市场上具有更强的竞争力，我们自己也才能在公司获得更好的发展。

强化自己的理解能力

据调查，“理解能力”是影响工作效率和业绩的几大因素之一。许多职场人士在求学过程中被家长、学校保护得太好，失去了独立解决问题的能力，渐渐放弃思考，使得理解能力得不到充分发展。然而，丢失了这项至关重要的能力，就等于丢失了职场竞争力。

今时不同往日，经济社会快速发展，职场竞争日渐激烈，现代职场要求人们具有快速工作的能力，而缺乏理解能力不仅会误了先机，导致进入工作状态的速度变慢，甚至有可能错误理解老板的指令，偏离工作方向，酿成大错。因此，失去理解能力注定会被变幻莫测的职场淘汰。

在企业里，任何一个工作岗位都只是完成组织目标的一小部分，瞬息万变的社会要求企业尽快做出反应，为社会提供适合时宜的产品和服务。这种变化趋势势必会影响到公司的策略，使其调整自己的组织结构和岗位工作，如果在该工作岗位上的员工没有很好的理解能力，不能及时准确地执行命令，就会影响整个企业的调整和运作。

良好的理解能力已成为公司、老板、社会对一名员工的要求。如果员工想在职场中得到发展，就必须抓紧锻炼自己的理解能力。

张雪和李玲同时考入一家外贸公司做经理秘书。张雪是某知名大学商务英语专业毕业的高材生，与普通大学毕业的李玲相比，她有很强烈的优越感。

没多久，张雪的优越感消失了。每次经理分配任务，她都听得一头雾水，在李玲带着胸有成竹的笑容离开经理办公室后，她还要仔仔细细地问一遍经理任务的内容。常常李玲完成了工作，张雪还在和一大沓文件战斗。

渐渐地，经理对张雪有了意见，因为每次布置任务张雪都要耗费他更多的精力和唇舌，而李玲完全不需要，一点就通。经理经过观察，发现了张雪的问题，她的执行能力和专业素养都不差，但是理解能力有障碍，对任务需要详细透彻地说明，否则她无法正确领会。

经理找张雪谈了这个问题，张雪大受打击。通过观察，她不得不承认自己在理解能力上输了李玲一大截。张雪在心里发誓，一定要积极锻炼自己的理解力，在业务上赶超李玲。

从此以后，张雪接到任务后不再追问经理那么多，而是先自己思考，调动最大的主观能动性去理解任务的内容，平时增加阅读量和阅读范围，遇到问题都分条逐一详细分析解决。渐渐地，她的理解能力越来越强，业务水平越来越高。年终公司裁员，经理留下了张雪，因为现在的张雪在各方面都远胜于李玲。

我国进入经济高速发展的时代，企业也跟着高速运转，身在职场中的我们也被要求有更高的工作效率。要提高工作效率，首先要锻炼自己的理解能力。理解问题是解决问题的第一步，又是关键的一步，如果理解能力较差，那么进入工作状态的速度就会变慢，起跑就落后了。更糟的状况是因为理解能力较差而理解错了工作的内容和方向，那可能就会白白投入了精力和时间。

子曰：工欲善其事，必先利其器。多锻炼自己的理解能力，提高自我素质，使我们的思维更加灵活，为投入工作打下更坚实的基础，工作起来也会事半功倍。那么，该如何强化自己的理解能力？

1. 加强与同事间的交流交往，汲取他人的思想火花。理解能力很大限度上取决于社会经验和公司环境，应该多和同事、上司交流、沟通，及时学习同事分析问题的方法，多加练习，使之变成自己的东西。

2. 对待工作要理性、敏感、善于发现问题的所在，善于倾听同事或者上司的意见，对实在无法理解的问题不需要掩饰，虚心请教，学习他人理解问题分析问题的方法和能力。

3. 理解能力在很大程度上和社会经验相关，所以我们应该更多地接触社会，增加社会交往，积累更多的社会经验。

4. 增加阅读量，扩大阅读范围。书本是人类智慧的结晶，很多智慧都是经过千百年的实践才积累下来的，通过阅读获取是最便捷的方式，不要为了阅读而阅读，掌握方法，熟读巧读才能更快地领会其中的道理，锻炼理解能力。

5. 太过主观是锻炼理解能力的一大障碍。我们的一切思想都以自我为中心，但是千万不能让这个“自我”影响到我们的理解能力。理解能力是站在客观的角度理性地分析、领悟问题，不要让个人感情蒙蔽我们的双眼。

记忆方法比记忆力更重要

身处这个知识爆炸的时代，我们每天都要接收大量的资讯，这些资讯来自四面八方，内容庞杂。怎样将这些资讯吸收积累变成自己的财富，是我们努力探求的答案。

有的人记忆力很好，对所有听到的、看到的资讯都能准确地记忆下来。但是，这并不是最好的结果。就像我们将所有的文件乱七八糟地堆在办公桌上，它们全都在，但要怎么找到需要的那一份却是一件困难的事。

我们的记忆是为今后的工作、生活提供范例、方法、经验，也就是说，记忆的目的不在于记住而在于运用。知道到了这一点，我们就明白，我们寻求的是合理的记忆方法而不是记忆力。更何况，在这个资讯爆炸的时代，考验自己的记忆力和记忆容量是很不明智的举动，因为这些繁杂的资讯很多是没用的，记忆下来也只能占用我们的大脑空间。

小美和小琴同时被录取为一家公司的助理秘书，工作内容有一部分重叠。一次，经理秘书张秘书忙不过来，让小美和小琴去做一次公司大型会议记录的工作。

小美很兴奋，因为她的记忆力很好，而且打字速度又快，她觉得这次做会议记录是一个非常好的施展才华的机会。

这次参加会议的人员很多，发言不断，会议更是足足开了四个多小时，会后，小美和小琴同时上交了会议记录。不久，小琴接替了回家待产的张秘书的职位，小美依旧是助理秘书。

小美不明白原因，找到即将离职的张秘书。张秘书将小美和小琴的会议记录拿出来让小美自己看，小美这才发现，小琴的记录非常清晰，将所有发言人分类别记录，每个人的发言只记录一些重点，这使主管看起来层次分明又简洁明了。再看小美的记录，长达十八页，从头到尾按照每个人的发言顺序，一字不落地记录了每个人的发言内容，这给阅读者带来了极大的困难。

“记忆力好是优点，但是一定要学会记忆的方法，千万不要让优秀的记忆力成为你的障碍!”张秘书最后语重心长地说。

小美终于明白，为什么每次张秘书问起事情，小琴都可以更快更系统地回答出，而她只会从脑海中翻出那庞杂的记录。

记忆方法比记忆力更重要，因为我们注重的是记忆对现实的帮助，而不是记忆的总量，记忆效率和成效远远比记忆总量重要得多。掌握正确的记忆方法是提高记忆效率最有效的途径，可以更合理地利用我们的记忆空间和记忆速度，让记忆为我们创造出更多的现实价值。

我们身处职场之中，每天要接触大量的工作内容，这些内容有的是机械重复性的，有的需要智慧和创造力，有的需要记忆、使用，有的更需要长远记忆，这就需要我们发挥判断力，将这些内容分门别类，通过最适合的方法和途径记忆，使它们为我们今后的工作发挥更大的作用。

有人觉得寻求记忆方法是浪费时间的行为，就如“磨刀不误砍柴工”这句谚语里所传达的道理，我们想要获得更高的效率和成果，必须拥有锋利的武器。掌握正确的记忆方法将节省工作时间，提高工作效率。以下是一些诀窍：

1. 停止机械记忆，学会分门别类。不要在听到资讯的第一时间机械记忆，而要将资讯分门别类，按照所属的类别记忆。要学会分析内容是需要长久记忆、以备不时之需的，还是没什么用处、听过就可以忘记的。在归类整理时，要加上关键词，方便在使用时以最快的速度检索出来。

2. 抛弃糟糠，只记精华。对无用的东西要学会毫不犹豫地忘记，不要浪费时间和记忆容量来做无用之事。对于精华内容不但需要牢记，还要经常拿出来复习回味，结合自身的实际，使其成为自身的财富。

3. 多使用联想记忆。很多东西不需要死记硬背，同类型的事物只需要重点记忆其中一种，然后用联想的方法将它们联系起来成为一个系统。

4. 经常清理你的记忆库。人脑也和电脑的硬盘一样，需要清理垃圾才能容纳新的东西，我们要经常清理我们的大脑空间，摒弃过时的、无用的记忆，以便补充新的内容。

锁紧你的成功目标

我们进入职场的目的是什么？赚钱？和老板相处愉快？和同事建立友好关系？当一天和尚撞一天钟地每天上下班？当你这样认为的时候，就决定了你的事业不会有所发展，你可能一辈子浑浑噩噩地度过，因为你只是将工作当成谋生的手段，并未当成一生的事业。

职场中可能会发生形形色色的事，我们会遇到各种各样的困难：当我们被流言蜚语困扰的时候，当我们被难题阻挡了道路的时候，当我们连续工作疲惫不堪的时候……我们因此会产生放弃的想法。那时，我们应该怎样获取力量更加努力地前行呢？

无数成功人士用他们的亲身经历告诉我们——要想成功，注意力就要锁紧成功目标。树立明确可行的目标，将注意力锁定在成功目标上，朝着这个目标坚定不移地前进，这样我们才能抵御外界的诱惑或困扰，汲取奋勇前进的力量。只有锁紧成功目标，我们才能心无旁骛地前进。我们所做的一切都是为了这个成功的目标，每一步接近成功的目标都会使我们获取巨大的成就感，我们才能一路前行直至成功。

1931 年，15 岁的少年王永庆离开家乡，独自去台湾的嘉义县，开始了他人生的新旅程。

王永庆的第一份工作是做一家米店的伙计，勉强可糊口，他一边认真工作，一边暗自观察米店老板经营的诀窍。虽然在工作之余学到了很多东西，但做一个伙计不是他的目标，他的目标是做老板，而不是打工仔。一年之后，他用省吃俭用及借来的 200 元钱做本钱开了一家小米店，从米店的伙计成为一名小老板，这是他人生的重要转折点。

王永庆并没有因为这小小的成就而停止了前进的脚步，他的人生有更远大的目标。王永庆在经营米店中不断地汲取经验。几年之后，他开始做木材生意，成为当地小有名气的木材商人。

20 世纪 50 年代初，中国台湾“工业局”推出了一系列工业发展的投资项目，王永庆大胆地接了一个当时无人看好的项目——生产聚氯乙烯，成立了台湾塑料工业股份有限公司。

如今，“台塑”是全台湾地区最大的民营企业集团之一，王永庆的成功激励了无数的青年人去开创自己的事业。

王永庆的成功并不意外，他身上具有成功人士共有的优秀品质，那就是树立目标、锁紧成功目标、不达目标决不松手。这是一种坚韧的性格，一种破釜沉舟的气魄。就是因为王永庆具备这种素质，锁紧了目标就不放松，那些经历的困难、挫折都为他的前进积累了经验，那些取得的成就不会让他感到自满而停下前进的脚步，因为他的眼界里有着更远大的目标。

当我们锁紧了成功目标，每一步都向着目标前进的时候，我们就会少走很多弯路，会忽略很多与目标毫无关系且会分散我们精力的事物，将全部的精力和智力都投入到我们的成功目标上来。

注意力可以让我们时刻提醒自己、鞭策自己，防止为了小小的成功而骄傲自满。职场中，照样要学会制定目标，让目标指引自己前进的路。从现在起，制订你的成功目标，将目标具体化，调动最大的积极性和力量为实现成功目标服务，心无旁骛地为之努力，成功就在不远的地方等待着你。

如何让注意力锁紧你的目标?

1. 树立合理、具体的目标。如果树立的目标不合理，不但不能带来正面的力量，反而会产生消极的心理，进而阻碍我们的职业发展。目标要具体，只有具体的目标才能对我们产生正面推进、指引方向的作用。

2. 分解目标，逐步完成。将大目标划分成为一个个小目标，通过锁定小目标、完成小目标来实现大目标。我们的目标可能非常远大而困难，如果一味盯着这个大目标可能会让我们产生倦怠感，这时候我们应该将大目标分成若干步骤，实现每个步骤都是一次成功和进步。将目标细化，也降低了实现目标的困难度。

3. 锁紧成功目标，决不放弃。成功目标是指引我们前进的灯塔，我们必须时时刻刻地看着它才不会偏离方向、绕弯路。锁紧成功目标，不只要锁紧，重要的是努力去实现。空有想法是不够的，要通过具体行动来实现。

第四章

打造创新的思维能力

创新是生产力，勇于创新的企业，其发展前景最为广阔，其发展速度最为惊人。勇于创新的企业经常创造发展奇迹。

企业创新需要员工创新。企业的创新思路，企业的发展活力，均离不开员工的创新思维。

创新是员工的竞争手段。一个职场高手懂得超越他人需要创新，懂得做出惊人的成绩需要创新，懂得获得老板的赏识需要创新。因此，他能清楚地认识到创新的重要性，停止一切循规蹈矩的做事习惯，改变固有的具有破坏性的惯常思维，勇于跳出旧框框，开创新局面。

创新就是生产力

一种新材料的使用为工厂节省了数百万的资金；一种新机器的引进使工厂的生产效率大幅提高；一种新思维的运用使我们的工作方式发生翻天覆地的变化。这一切改变都来源于创新。创新是一种态度，更是一种生产力。创新让我们拥有无数的梦想，让我们的工作、生活变得不同。创新鼓励我们去尝试一些新想法、改变一些旧现状，从而使工作变得更有效、更方便、更高速。很多人认为创新是一件神秘、陌生的事，以为创新只是少数天才的专利，其实创新就在你我身边，只要掌握了方法，每个人都可以做到。

很多人在工作中循规蹈矩。他们认为工作就是重复性的劳动，而创新不仅毫无必要，而且常常是出力不讨好。当企业强调创新意识的时候，他们认为这是小题大做，把创新当成耳边风，根本不予以重视。

创新是一种生产力，这种生产力无形却又拥有强大的能量，这种能量通过改变我们的工作方式、改善或提高我们的工作效率，可以帮助我们创造更大的成绩。然而，很多人意识不到这点，他们在工作中不想动脑，不愿思考，每天机械性地工作，只是为了完成老板交给的任务。如果一个人一辈子都在这样的状态中工作，那将是一件十分可悲的事。工作中没有创新元素的参与，工作将如死水一潭，很难有出色的成绩。

香奈儿是法国著名的化妆品公司，该公司的产品一直享誉世界。它当初的发展壮大其实是得益于一名普通员工的创意。

香奈儿公司成立之初因为没有名气，导致产品滞销，公司一度陷入困境。公司号召全体员工出谋划策。销售部的一名员工献上一计——借助媒体的力量来搞宣传，但是这种宣传完全不同于以往。这种创意得到了公司的认同。

第二天，香奈儿公司在报纸上发布了一则广告：最近，香奈儿化妆品公司招聘了10名相貌奇丑的女孩，她们将于周日晚上在巴黎大舞台与大家见面。

广告一登出，整个法国都震惊了，同行都嘲笑香奈儿是自曝家丑。

届时，法国市民都蜂拥至巴黎大舞台。

随着帷幕徐徐拉开，10名丑女全部登台亮相。台下的观众不禁嘘声连连，都发出这样的感叹：“怎么会有这么丑的女人！”

随后，香奈儿公司的负责人从后台走上来，对观众说：“这些女孩很丑，但用了我公司给的化妆品后将是什么样子呢，请大家观看一下这些女孩化妆之后的样子”。

十几分钟后，被化过妆的丑女们从帷幕后走出。顿时，大家都被惊呆了，原来，这些丑女都焕发出一番新的模样，与之前简直判若两人。

自此，香奈儿公司生产的化妆品成了同类产品中的佼佼者。

创新是最大的生产力，创新的眼界和思维使香奈儿开拓了广阔的市场，带来了广阔的发展空间。

创新在于突破常规，用新的方法、新的思维来处理问题。我们因为常规思维的束缚，形成了固定的做事方法，如果不大胆打破这种固定的方式，我们将永远无法发现更好的更合理的方法来工作，无法取得更大的成就。

创新并不是高不可攀的事。我们每个人都有潜在的创新能力，一旦得到良好的开发和引导，将会发挥巨大的力量。我们不能因为害怕承担责任而一味地墨守成规，害怕改变，这样只会被淘汰。我们要善于观察，合理利用想象力，大胆地去思考去实践，充分发挥个人的创新能力，为自己的职位和公司做出更大的贡献，才能稳固立足于职场。

创新要立足于现实。创新需要天马行空的想象力，但是绝不是毫不切合实际的空想，我们要以现实为基础发挥思想能动性，开发新的方法和途径来解决问题，一味的空想只会使我们脱离现实，离成功越来越远。

20年前，管理大师德鲁克语气强烈地用“不创新，即死亡”这句话来阐述创新的重要性。创新是人类社会进步的客观要求，是个人发展的最好途径。我们要抓住创新这个思维方式与做事方法，为自己在职场发展谋取更大的空间。

怎样才能提高创新能力？

1. 锻炼想象力，开发创新能力。想象力是创新的翅膀，我们要善于借用想象力这个有利的条件来培养创新能力，遇事多思考、观察、联想，用新的思维模式和处事方法来解决问题，合理开发想象力。

2. 独立思考，尝试用多种方法解决问题。独立思考，遇事有自己的想法和解决问题的方法，不能人云亦云。学习用多种角度看问题，用多个方法解决问题，发散思维，开发思维的广度和深度。

3. 善于积累，抓住思想火花。在日常生活和工作中积累每次的思想火花，也许当下没有用，但是积累起来就会是一笔宝贵的财富，可以帮助我们在以后遇到问题时联想思考，寻求更多更合理地解决问题的方法。

4. 与时俱进，保持知识更新。创新离不开现实，现实是在不断发展变化的，随时的知识更新会使知识库跟随知识的发展而进步，为创新思维、创新行为的产生提供更有力的支持。

提高思维的高度

衡量一个人在职场中表现的最重要标准就是业绩，每个人都想提高业绩，但是很多人并没有弄明白“业绩”的真实含义。业绩不仅仅是一天两天取得的成绩，还包括此刻的成绩对公司发展和你的长远职业规划的作用。有人无法理解“业绩”的长远性和变化性，投机取巧可以使一时的业绩提高，但对整体职业生涯收益有着致命的损害；不假思索、埋头苦干固然表现出对工作的认真，但如果不加入思考的元素，不懂得思维的重要性，那么，一个人注定无法做出优异的业绩。

现代职场需要的是聪明的员工，懂得提高工作效率、自我能力、计算投资回报率、规划长远利益，等等，这一切能力归结起来就是一个人的思维能力。

一个踏实勤奋的推销员可能会创造出第一名的成绩，但是一个聪明的推销员可以打开新的市场，开拓出新的领域。一个是量的积累，一个是质的改变，这就是思维的力量。墨守成规的努力只能让业绩在有限的范围内提高，提高思维的高度却能创造更广阔的发展空间。

麦克和比尔同是一家贸易公司的职员。麦克在这家贸易公司已经工作了二十多年，年底就要退休，多年的积累使麦克有了固定的客户群。他已经不怎么出门跑业务，待在办公室处理老客户的订单已经足以让他达到公司要求的业务量。比尔才从大学里毕业，是个活泼、招人喜欢的小伙子。他每天都吹着口哨进公司，遇到每个同事都微笑着大声打招呼，在业务上他勤奋又灵活，得到了不少订单。

比尔并没有满足于当前的成绩。比尔觉得当前公司的这种逐户上门推销或依赖代销点经销的方式已经落伍了。经过实际调查，他向销售部经理呈上了一份开展网络推广业务的建议书。销售部经理看了比尔的报告后非常兴奋，立即向公司的老板呈上了报告。大老板亲自和比尔交谈，不久后，公司设立了网络销售部，由比尔做负责人。

公司的网络推广销售以较低的推广成本获取了巨大的收益，网络销售系统的建立改变了公司业绩消退的现状，公司效益得到很大提高，获得了更多产品的独家代理权，公司发展越来越快。

有人将业绩的差别归结于种种外在的条件，如口才、学历、业务能力、人际关系、时间、机遇等，其实，造成业绩差别的关键在于思维的差距。思维是一种战略资源，只有拥有并很好地利用这种战略资源，我们才能拥有更强大的力量和智慧统领全局、运筹帷幄，取得关键性的胜利。

我们所处的职位使我们所能看到的事物有了局限性，就像是在井底抬头看到的那片天空只有井口大小。我们只有提高思维的高度，跳出那口困住我们思维的深井，才能看到更广阔的视野、更长远的收益以及更多的选择。只有空间变大了，我们才会有更好的发展。

思维的高度决定业绩的高度，思维的高度也决定了我们最终能达到的职业高度。

我们只有学会转变思维，学会站在新的高度上看问题，才能更全面、更透彻、更合理地理解问题，不再拘泥于个人的得失，不再局限于眼前的利益，从公司的利益出发，从长远的利益出发，做出更加适合的行为和决定。事实上，我们的利益和公司的利益是一致的，我们是荣辱共同体，只有公司发展了、壮大了，我们才拥有更广阔的发展空间。

提高思维高度不是一件简单的事，我们必须从观念上做出改变，一步步改变思维方式和深度，进而达到提高思维高度的目的。

1. 宏观统筹，把握全局。我们无法全面地了解事物的全貌是因为我们掌握的信息太少。学会全面了解、统筹事物，建立事物之间的关系网，就要更加深刻地认识事物，不要拘泥于事物的表象。

2. 着眼于长远利益。人们往往因为目光短浅看不到长远收益而做出短期性、局限性的决定，这使我们的发展受到了严重的制约。只有跳出“现在”这个框框，才能看到更远的地方，发挥更大的才能。

3. 增加认识事物的深度。增加认识事物的深度，就是要透过事物的表面看本质。事物的本质往往不像它所表现出的那么简单，只有认识到了事物的本质，才能更好地把握事物。

4. 提升思维高度。思维高度在很大程度上和我们的社会经验相关，思维高度不是生下来就具有的，我们必须珍惜每次机会，积累丰富的社会经验，提高认识事物的能力，从挫折中汲取教训，在困境中成长，才能改变我们的思维高度。

不要总是循规蹈矩

时代在改变，社会在进步，发个指令、按下按钮才会动一动的“机器型”人才越来越难以适应瞬息万变的职场环境，循规蹈矩只能让自己停滞不前，随时被职场所淘汰。

许多人以为：我有着纯熟的技术和熟练的工作方法，每天只要勤勤恳恳、按部就班地工作就行，不用花心思去研究怎样提高工作效率。如果抱着这种墨守成规、循规蹈矩的方式去工作，你就永远无法取得进步与突破。

无论是技术创新的邓中翰、模式创新的江南春，还是产品创新的李彦宏，他们都有一个共同的特点：突破常规，勇于创新。所以，如果你想立足于职场并且有所发展，必须改掉循规蹈矩、按部就班的工作习惯。

这是一个需要创新精神的时代，创新思维带来的经济效益和回报往往超过墨守成规很多倍，即使是需要经验支持的工作，也不再是一成不变的，需要在掌握经验的基础上不断地求思求变，进而提高工作效率，获取更大的收益。

尼克是一家贸易公司的职员，这家公司主要进口家居品的销售工作，除了向固定的代销点供货外，一直以来都以业务员上门推销为主要销售模式。

尼克每天拿着公司印好的宣传目录沿着街道一家家上门推销，但是现代人对上门推销非常反感，常常连门都不开，尼克思索要采取新的方法打破这个局面。尼克的前辈对尼克的想法非常不理解，“你按照公司交代的做法去工作就行了，这么多年我不就做得好好的?”

有一次，尼克在推销时看到了送晚报的人，突然灵机一动，向公司提出建议：每期推出几款特价推广的商品，将公司的产品目录印成彩色的宣传单，请派发报纸的人一起派下去。这样就可以使更多的人了解他们的产品，并建立电话订购送货上门的机制来促进销售。

尼克的想法得到了公司的支持，第一批宣传单是尼克陪着送报纸的人一份份发下去的。第二天上午，尼克接到了若干对他们产品感兴趣的电话，比他以前花几天时间跑好几条街得到的都要多。

创新是最伟大的力量。创新带来了一次次社会变革，带来了生产力的腾飞。不过还是有人忽视创新的力量，循规蹈矩或是故步自封不但限制了创新的可能，更加抹杀了发展与自我突破的可能性，循规蹈矩只会让人倒退，缺乏竞争力，局限自身发展的空间。

循规蹈矩使我们失去了对工作的热情和积极性，每天按照同一模式工作，没有变化，没有发展，无法对工作百分之百地投入，这样就降低了完成工作的效率和准确度。循规蹈矩也使我们失去了思维的积极性，失去了思考能力的人是绝对无法提高和进步的。

要想开辟一个新的天地，要想寻找更大的发展空间，必须抛弃循规蹈矩的做事方法，突破现在的常规，突破现有知识的束缚，大胆创新，小心求证，抱着把不可能变成可能的精神。职场变幻莫测，我们只有随时保持动态的发展，贴合经济发展的趋势调整我们的工作态度和方式，才能在职场中站稳脚步。

循规蹈矩代表对现有知识、技术的自满，这种自满会使我们停止学习和进步的脚步，渐渐脱离知识的发展和更新，有朝一日必被淘汰。我们应该怎样克服循规蹈矩的行事方式?

1. 要有冒险精神，积极思考，突破常规。循规蹈矩的人觉得按照旧有的习惯工作起来会比较稳当，但是这样永远都不会有突破，没有突破就没有进步。思维决定我们的行动，我们只有首先突破循规蹈矩的思维方式，摒弃循规蹈矩的习惯，提高思考的积极性，遇事多思考、多对比，才能求新求变。所以，在工作中，一定不要被现有的制度、技术、习惯所限制，要敢于突破常规。如果连想都不敢想，就更没有胆量行动了。

2. 要从小处着手，大胆思考，将想法付诸行动。突破循规蹈矩可能是颠覆，也可能只是小小的改变，所以开始时请从小处着手，可以从改变说话的方式、变换使用的词语开始，也可以从改变工作过程中的某个环节开始。小小的改变会为我们带来巨大的变化或惊喜，每次尝试都会带来新的想法。

3. 要时刻保持思维和技术的更新。保持思维和技术的更新有利于我们发现更有利的做事方法，汲取他人的经验是最快的进步捷径。但是，你要保持怀疑和实验的精神，不能对新的技术和思维全盘接受，要结合自己的实际情况做出调整，使之成为最适合你的创新模式。

提高想象力

爱因斯坦说："想象力比知识更重要，因为知识是有限的，而想象力概括世界的一切，并且是知识进化的源泉，严格地说，想象力是科学研究中的实在因素。"

如果爱迪生没有想象人类在夜晚拥有光明的样子，就不会有无数次锲而不舍的实验，发明出电灯；如果莱特兄弟没有想象人类像鸟一样在天空中飞翔的场景，飞机就不会被发明出来；如果人类没有飞天的想象，载人宇宙飞船就无法飞入太空。想象力改变了人类的生活，无数以前只是在人类想象中出现的画面后来都一一被实现。

很多人从事的工作都是重复性的工作，每天都要周而复始地重复同一个流程或动作，这个时候如果你将想象力和行动一起锁死，那你永远都无法取得突破，永远都只能在这个职位上重复着一样的动作。

创新的一个重要组成元素就是想象力，想象力是创新的翅膀，是一种在现实基础上累积起来的智慧。想象力随时捕捉到有价值的信息，然后加以联想、实验，进而为创新提供思维的源泉。只有运用好了想象力，创新才能在想象力这个翅膀的帮助下自由翱翔。

想象力是自由的。无论我们处在什么职位，做着什么工作，我们都可以幻想不一样的生活，想象更好的环境或将来。如果你连想象力都失去了，那么你的人生注定是一成不变、没有突破的。

某世界著名牙膏公司的总裁重金悬赏：谁能提出促使已近饱和的牙膏销售量增长的具体方案，就能获得高达十万美元的奖金。业务部全体员工绞尽脑汁想办法，提出了诸如更换牙膏包装、加强广告攻势、铺设更多销售网点等方案，但这些方案都没有被总裁采纳。

一天，一位刚进公司不久的女秘书在给总裁倒茶时，提出了自己的方案："我想，每个人在清晨赶着上班时，匆忙挤出的牙膏长度已经固定成为习惯。所以，如果我们将牙膏管的出口加大一点，大约比原来的口径大40%，挤出来的同样长度的牙膏量就多了一倍，这样，原来每个月用一条牙膏的家庭，是不是就会多用一条了呢？"

总裁听后大喜，立即采用了秘书的建议，没多久，公司的销售量就增长了。

没有想象力就没有突破，就像销售部的员工，他们只知道以常规的方式来推销牙膏，并没有突破现有思维的束缚，而那个女秘书则发挥想象力，想出了奇特的方案，从而增加了牙膏的使用量，解决了牙膏销售量饱和的问题。

有时候，我们的工作可能受时间、环境、条件的制约，使我们不能随心所欲地按照自己的想法做事，但是拥有想象力可以使我们另辟蹊径。想象力给了我们无数的可能性，我们可以借助想象的力量完善原有的工作策略，提高工作效率。想象力使我们超越常规思维的约束，冲破现有知识经验的局限，以大胆、奇特的方式对所要解决的问题进行创造性的探索，找出解决问题的途径。所以，我们要学会正确运用想象力，为我们的工作带来创新和改变。

如何提高想象力？

1. 扩大知识面，合理想象。知识并不能决定想象力，但是知识影响想象力，扩大知识面和知识量，才能有更宽的视野和更高的基础来想象，想象力也会更加符合科学和现实，才更容易实现。

2. 学会观察，培养想象力。养成勤于观察、善于观察的习惯，观察工作的流程，从细节中寻找灵感，从微小处展开想象，学会建立事物之间的联系和联想，这样就会渐渐培养出丰富的想象力。

3. 保持工作热情，拓展想象力。热情是最大的动力。只有保持对工作的热情，才会主动积极地完成工作。轻松的心情也会调动大脑的积极性，使思维方式改变，想法增多，进而带来更多更大的想象力。

遇事积极思考

同时入职同一家公司的员工，有人能一步步获得提升，有人却原地踏步；做同一件工作，有人不费吹灰之力就能完成，有人却百般为难，无法完成；有人能从工作中汲取经验，有人却在工作中耗费时间。这些现象产生的根源在于我们是否在用大脑工作，是否懂得积极思考。如果我们在工作中积极思考，不断尝试用不同的方法解决问题，我们就会在一次次思考和挑战中提升我们的能力；如果我们在工作时只是机械重复，遇到困难就依赖老板或同事解决，那我们就永远只能在原地打转。

从一个人面对工作中困难的态度，我们可以看出他在职场发展的前途。只有遇事积极思考，通过自己的力量尝试积极解决问题，我们才能在一次次困难中积累经验汲取智慧，进而提高我们的能力。

李泉是奇瑞公司的一名技术工人，他在工作过程中遇到了奇瑞公司的涂二生产线所带来的难题。奇瑞的涂二生产线由著名的德国杜尔公司承建，也是目前世界汽车行业最先进的第五条顶级汽车涂装线。杜尔公司从宝马的第一条生产线开始，至今没有完成车身备件生产设备的涂装制作。面对“仅能生产整车的涂装线不是完整的涂装线”这个严峻的操作课题，李泉没有胆怯，没有气馁。经过大胆的思索、反复的修正，李泉成功将与Rodip－3运输系统兼容的备件滑移过来，顺利承载QQ和东方之子等车型的外表面备件，“泳”过这条生产线！

没有人想到，五次获得奇瑞公司革新冠军、获得2005年度“安徽省劳动模范”称号、有外企愿意用月薪八千挖角的李泉曾经下过六次岗！从六次失去工作到如今的奇瑞革新能手，李泉一步步提高能力，从而成为奇瑞不可或缺的人才。他在工作中遇到问题总是积极思考，用他所掌握的技术和创新精神解决了一个又一个难题，为公司带来了巨大的效益，也让自己的能力随着公司效益的成长而提升！

遇事积极思考是一种乐观、向上、积极进取的精神，有了这种精神的指引，我们在遇到困难时才不会气馁，不会退缩，才能积极地学习、积极地运用自己所掌握的知识解决问题。在积极思考解决问题的过程中，我们所掌握的知识面得以扩大，经验得以丰富，因此更能促进今后工作的进行。同时，在尝试不同方法、不同思维方式的过程中，也最终提高了我们的能力。

遇事积极思考可以打破思维定式。我们习惯了思维定式之后，在考虑问题、解决问题时就容易受到思维定式的影响和制约，只有积极思考，变换角度和方式来看问题，才能打破思维定式，获得新的解决问题的方法。

世界是不断发展变化的，困难是层出不穷的，没有什么方法可以解决一切困难，但是只要用大脑去工作，发挥最大的主观能动性，我们就能改变现状、有所突破。在遇到问题时，首先积极思考探索解决问题的方法，这样才能在工作中提高效率、取得更大的成绩。

遇事积极思考可以使我们的心态更加乐观，乐观的心态有利于我们大脑活动的开展，会有更多的新想法产生，解决问题的思路也更加宽广，进而提高我们的思维高度和能力。

以下是遇事积极思考的几条建议：

1. 培养乐观心态。只有拥有乐观的心态以及对工作的热情，我们才能全身心投入到工作之中。只有将工作当成自己的事业经营，才会积极、主动地面对、解决工作中的问题，乐观和热情是杜绝推脱、懒惰的最好方法。

2. 培养集中力。集中力包括我们的信念、诚实和专心，培养这项素质是培养积极思考能力的首要任务。只有拥有这项素质，我们才能集中精神投入思考。

3. 培养信心和勇气。只有拥有信心和勇气的人才敢于积极思考、解决问题。缺乏信心、胆小怕事的人只会躲在别人后面等待别人来解决问题，拥有自信心是成功解决问题的第一步。

多一些创意

马云的创意改变了全世界的经商模式，使每个人通过阿里巴巴和淘宝网都可以做商人；江南春的创意为广告赋予了新的智慧，创造了“分众传媒”的奇迹；中国正在从“中国制造”走向“中国创造”、“中国创意”；在美国，托夫勒的观点充满激情：“资本的时代已经过去，创意的时代已经来临……”；在韩国，三星、LG 等国际著名品牌的成就来自于一场“资源有限，创意无限”的创意总动员；日本的创意口号是“独创力关系到国家兴亡”。这些说明：“创意时代”已经来临。

在“信息时代”，资源的比拼已经过时，人们现在拼的是创意，拥有了创意才能发掘新的商机，开拓更大的市场。有创意才能以最少的付出获取更多的回报。创意已经成为职场比拼的最有力武器。

2000 年，不到 30 岁的江南春已经在广告业闯荡了 8 年。他创办的永怡传媒成为上海 IT 领域最大的广告代理商，占据了 95% 以上的市场份额。2000年冬天过后的上海，永怡传媒伴随着互联网经济泡沫的破灭遭受到了致命的打击，几乎是永怡传媒全部收入来源的七个互联网客户荡然无存，江南春回到了销售员的岗位，带领团队参加各式各样的比稿会，连餐馆的广告都开始接了。

2001年是江南春分外艰难的一年，他进行了深刻的反思，这一年也成为江南春职业生涯中的重要分水岭。2002年6月的一天，江南春在徐家汇太平洋百货等电梯，在电梯门缓缓打开的时候，一则舒淇代言的平面广告跃入他的眼中，非常醒目，让人忍不住想将视线投过去。一道闪电划过了江南春的脑海，一项创意就此产生，这不就是他一直苦苦寻觅的绝佳广告模式吗？江南春就此开创出一个新的媒体视频广告产业，分众传媒就此产生。江南春后来又想出了“时尚人士联播网”的创意，成为分众传媒业绩的又一个增长点。

江南春在他的博客里写道：“世界上从来不缺少生意，缺少的只是发现生意的创意。”江南春用创意拯救了永怡，拯救了他自己，创造了一个又一个传媒奇迹。

“创意”已经成为这个时代的核心竞争力，创意往往可以用最少的投入带来意想不到的成绩，创意会使我们摆脱被动局面，就像江南春的永怡走入困境之时，如果没有那个突发奇想的创意，江南春就无法开创新的媒体视频广告产业。

创意就是具有新颖性和创造性的想法。经济的发展使职场竞争进入白热化，与众人争夺一杯羹，不只辛苦，获得的回报也是有限的，只有通过创意开拓新的领域，才能获得意想不到的成绩。对于一个人来说，富有创意是最大的资本，即使你现在身无分文，但只要拥有创意，你就随时可以将创意转换成财富，改变被动的局面，转败为胜。

有些人把创意归结为偶然的因素，认为创意就是“灵光乍现”、“昙花一现”，其实不然，积累对创意非常重要。一个创意常常要在人的脑海里隐藏多年才得以厚积薄发，就像江南春在永怡遭遇困境时对广告代理业的反省，对出路的思索。我们要在工作中善于观察，勇于思索，多加积累，积极思考，为创意的产生创造条件。

创意是无处不在的。只要你有把一切变成可能的想法，拥有改变一切的勇气，勇于尝试打破常规，善于发现别人没有注意到的思维角落，珍惜每一次脑力激荡，创意的火花就随时会产生在你的脑海里，小小的创意积累起来就可以改变我们的职业和人生。

如何多一些创意？

1. 拥有创造奇迹的想法。如果一个人甘于平凡，那他就无法创造超凡的奇迹。首先你要有创造奇迹的想法和欲望，意识才会支配你的行为去创造奇迹。

2. 善于观察，积极思考。善于观察是产生创意的必备条件，创意并不是不着边际漫无目的的空想，它必须有现实基础，有实现的可能性。只有通过积极思考调动更多的能动性，才能发现新的方法、新的途径和新的领域。

3. 培养危机意识。适当的压力能使我们更加投入，更加专注，危机意识能使我们提高警惕，能使我们更大限度地思考，进而产生创意。

第五章

多培养一些技能

现代职场分工越来越精细，而工作之间的联系越来越密切，这就客观地要求员工不仅要成为专才，还要在一定程度上成为通才。对于希望在管理岗位上有所作为的人来说，尤其如此。

一个称职的员工只具有娴熟的职业技能，而一个优秀的员工应该是多面手。他懂得如何与人沟通，在公司有一个融洽的工作氛围；他懂得如何书写报告、通过文字达到良好的沟通效果；他懂得如何提高自己的电脑操作技能，以避免因为电脑问题影响工作效率。

技多不压身，而一个多面手是企业发展的必需，为了你的职场前途，你首先应该将与工作密切相关的各项技能迅速培养起来。

不断充实专业知识

好员工的素质是什么？有人说是勤奋，有人说是心态，有人说是交际，有人说是时机。其实，好员工最应具备的素质是需要有过硬的专业知识。

具备专业知识是我们做好工作的基础。中国经济正处于迅猛发展之中，对于劳动力的需求越来越大，只要我们不挑不拣，就很容易找到一份工作。但是如果我们想立足在职场上有长足的发展，我们就必须具备充足的专业知识。

企业间的竞争是人才的竞争，准确地说，应该是专业人才的竞争，一个专业人才需要具备专业的产品知识、专业的行业知识、专业的工作技巧，只有将这三种知识融会贯通才称得上是优秀的专业人才。

我们要重视专业知识的更新与补充。一个在某一领域有良好专业知识的人，如果不再学习，5 年之后，就会进入“知识半衰期”，也就是说，如果没有及时更新知识，那么他就已经落伍了。在这种知识寿命大大缩短的社会，停止学习就是退步。

王军从某知名高校计算机专业毕业后进入一家 IT 公司，因为他具有过硬的专业知识、灵活的头脑及充足的干劲，在进入公司的第三年，他就成为公司的市场部副经理。王军的一帆风顺惹得同学都非常羡慕，王军在别人的羡慕眼光中变得骄傲起来。

王军不再像做经理之前那么勤奋了，暗自以为公司里不会再有人的专业知识能超越他。他开始自满，工作上也变得被动，每天尽做着升职的梦。某日，公司接到了一个大项目需要王军做技术支持，王军拿到项目一看，有好几项专业新技术他根本就不懂！

王军临阵抱佛脚，查阅了好多资料，研究这些新技术，但是还是拖延了项目的进程，完成的部分也出了很多纰漏，给公司造成了不可挽回的损失。公司高层震怒，王军被当即辞退。

直到离开的那一刻，王军才真正意识到他的错误。他以为他已经拥有了足够的专业知识，却忘记了知识是在发展变化中的，更何况是IT这种高速发展的领域。王军的骄傲自满使他停止了充实、更新专业知识，造成他专业知识的落后，导致他丢掉工作。

专业知识是我们开展工作必须具备的素质，它使我们更快地进入工作状态，解决工作中遇到的各种问题。保持专业知识的更新是我们保持职场竞争力的必备素质。经济不断发展，知识更新的速度越来越快，我们拥有的知识随时处于折旧的过程中，只有不断地学习才是防止折旧最好的方法。如果我们想要在瞬息万变的职场上立足，就必须不断地提高自己，充实专业知识。

现代职场没有终身雇佣的关系，如果我们的发展跟不上职业的发展，那么我们就会成为公司中可有可无的人，随时会被公司淘汰。因此，作为一名从业者，如果要避免被淘汰的命运，让自己有更好的发展，就需要努力地充实我们的专业知识，使自己成为那个不可或缺的人。当我们的知识与最新知识保持同步时，当我们拥有别人没有的知识、技术时，我们就有了在职场中安身立命的资本。

此外，专业知识在人际交往中也起着一定的作用。丰富的专业知识和广博的见识可以帮助我们更好地处理人际关系，让对方相信我们的技术、特长，用更好的方法沟通交流，达到交流、配合、互信的目的。

不断地充实专业知识还可以帮助我们拓宽思路、改变思维模式。不断更新的专业知识使我们从更多的角度、更深的层次理解事物，提高了解决问题的能力，应对突发事件的方式更加合理、灵活。

充实自己的专业知识应掌握哪些诀窍？

1. 不断地学习，掌握充足的专业知识。离开学校并不是学习的终止，而是另一种学习方式的开始。进入某一工作领域后，我们的学习范围和目标更加明确，学到的知识对工作的帮助更加明显，学习的方法更加灵活。我们必须努力地钻进专业知识中，将专业知识学精、学透，才能游刃有余地开展工作。

2. 随时充电，保持专业知识的与时俱进。知识的发展日新月异，新知识的出现、旧知识的淘汰使整个知识体系处于不断的发展变化中，我们必须跟上这个变化的趋势和节奏，掌握新的知识，取代旧的知识。我们可以通过报专业辅导班、考取证书、阅读新的知识书刊等方式来更新知识，善于使用网络寻找需要的知识，抓紧一切可以利用的方式学习。

3. 拓宽知识面，构架知识网。在充实专业知识的前提下，我们要拓宽知识面，不能仅仅掌握已有的相关专业知识就满足了。行业在不断发展，企业在不断变化，我们还要学习和现在所从事的专业相关的知识，拓宽知识面，构架知识网，使自己拥有完善的知识网络，不只可以帮助我们更灵活、更巧妙地解决现在工作中遇到的问题，还可以给我们更多的选择，即使现在所从事的工作出了问题，我们依旧可以用自己的知识寻找新的工作和机遇。

电脑操作能力很重要

基本的电脑操作能力包括文字表格处理、图片处理、专业办公软件使用、网络操作、外设操作、对付病毒等能力。文字表格处理主要是指用Word、Excel等软件处理文字、表格等；专业图片处理主要指使用Photoshop等软件进行简单的图片处理；专业办公软件主要指各公司根据业务需要上马的内部办公系统；网络操作能力包括网上浏览、收发邮件、上传下载、网络学习等能力；外设操作主要指打印机、扫描仪、移动存储设备等的使用和保养；对付病毒是指使用杀毒软件维持电脑对基本病毒的抵御能力。

熟练掌握电脑操作能力，提高使用熟练度和效率，才能帮助我们的工作快速、高效地开展。

老黄在公司已经工作二十多年了，做总务部经理也有七八年了，多年来勤勤恳恳、兢兢业业，却在最近遭遇了工作中巨大的压力，一切都源于一个对他来说是新兴的事物——电脑。

公司最近提倡无纸化办公，给每个部门都配备了电脑，而老黄是个电脑盲。

以前老黄处理公司下达给总务处的任何任务都是非常认真仔细的，如今却只能交给部门里一个新来的大学生去做，大学生每次打文件、输入资料很快就能完成，老黄坐在电脑前半天，常常将电脑折腾到死机也掌握不了操作电脑的技术。

老黄的儿子对父亲的焦虑非常不以为然，他觉得父亲马上就要退休了，电脑的事就交给部门新来的大学生，像父亲这种年龄不懂电脑的很多，父亲不必为此煞费脑筋。老黄却不愿意就这样得过且过，他在公司努力了几十年，不愿在最后几年落后于人。

老黄自己买了电脑，并利用休息时间报了个电脑操作基础班，每天下班都急匆匆地去上课，课堂上大部分都是年轻人。比起年轻人来，老黄的记忆力和理解力都不占优势，但老黄却是其中最好学的一个，常常缠着老师问东问西。

一个电脑操作基础班上完，老黄的电脑操作水平已经足以应付工作了，但是他不满足于这小小的成绩，继续上了中级班。之后，办公室里大学生看老黄的眼光改变了，跟老黄说话也不再那么没礼貌了。

如今，老黄的电脑水平在公司已经算得了中上了，电脑操作的熟练度比起大学生们一点都不差，各种业务的开展又可以自己来了。老黄觉得很踏实，他没有因为年龄大而脱离时代，脱离现代办公环境。

20世纪最伟大的发明之一就是电脑。电脑完全颠覆了人类社会的传统生活方式，如今电脑已经成为工作中的必备办公用品之一，电脑技能成为和文字写作、语言交流并列的基本职业技能之一。

联合国重新定义了文盲，其中就包括不能使用计算机进行学习、交流和管理的人。具备基本电脑操作能力是现代工作的基本要求之一，电脑因其使用功能多样性和方便性普及千家万户、各个行业，如今，不具备电脑操作能力就像是文盲一样，在职场寸步难行。

现代科技的发展使得电脑因为其便利性和功能性而进入了各行各业，很多业务的开展都离不开电脑，小到文件的整理，大到跨国业务的开展，都可以通过电脑来进行，因此，电脑操作能力成为重要的工作技能之一。

现在，很多业务的处理都通过电脑来实现，比如收发电子邮件、网上沟通业务、在网上搜索、浏览大量的信息等，就是传统的现金交易也可以通过网上银行来办理，大大节省了人力、物力，成为现代职场人士必备的技能。可以说，当电脑成为办公室的必备品，上网成为商务往来的工具，一个不懂电脑操作的人很难不被现代职场所淘汰。所以，掌握电脑技能是紧跟时代潮流的必然，你如果至今不会用电脑，一定要抓紧时间学习。老黄被突然多出来的电脑弄得乱了手脚，因为不懂电脑操作在业务开展上也有了限制，但是他没有因此而气馁，而是通过学习掌握了熟练的电脑操作能力进而跟上了公司的前进步伐。

怎样提高自己的电脑操作能力？

1. 掌握基本理论知识。通过书本、短期辅导班等方式了解电脑设备的构造和功能，学习基本的理论知识。只有掌握了理论知识，才能在使用中联系实际，使用起来也更加得心应手。

2. 多练习，熟能生巧。电脑操作能力和其他操作能力一样需要多练习，熟能生巧，熟练了才能有更快的速度和更高的效率。

3. 保持电脑操作能力和硬件设备同步更新。现代科技发展迅速，电脑硬件和软件随时会更新，我们必须秉持着与时俱进的心态与电脑科技一起进步，在更新硬件时掌握新硬件的功能和操作，在更新软件时及时掌握软件操作的要领，只有这样，才能使我们的电脑操作能力不被科技进步所淘汰。

不可忽视书面表达能力

现代职场很突出的一个问题就是职员的书面表达能力十分欠缺。一些人刚步入职场时觉得书面表达能力一点都不重要，相反，他们把口才表达能力看得很重，甚至以为一个人只要能说会道就行了，写文章、写材料已经过时，口才才是职场路上的最关键武器。结果，当老板让他们写一份报告、策划、方案时，他们提起笔却迟迟写不出来一个字，即使勉强写出来，也是词不达意，错误百出。

有人认为写文章只是办公室文员、文秘一类的职务做的事，其他的岗位没有必要去练习写什么文章。再说一年365天，写文章能有几次？可以说，书面表达能力几乎从未得到这类人的重视。事实上，书面表达能力跟口才表达能力一样重要，如果一个人连自己的思路、想法、方案都无法准确地用文字表达，进而传达给整个团队知道，那么，他就无法更好地开展工作。

一个人的文字表达能力与基础知识掌握程度及学习能力相关，如果文字表达能力有所欠缺，必将影响到这个人在技术方面的发挥及学习能力的运用。

小张是某理工大学毕业的高材生，应聘进入某大型公司，公司正巧接到一个大项目，于是主管请小张提出一个方案。这是对小张的器重，也是对小张的考验。小张也明白这个道理，他足足抓耳挠腮了一夜才将方案提出，交给主管后忐忑不安地等待着结果。

主管翻看了小张的方案，发现方案不仅表达混乱、用词粗糙，错别字也接二连三地出现。主管将小张叫进办公室，请小张解释这个方案，小张支支吾吾，无法将意思表达清楚。主管对小张非常失望。

半年过去了，小张还是团队里的一个小角色，而和小张一起进公司的小王已经当上了组长。这个职位本是培养小张来做的。虽然入职时小王的学历和课业成绩不如小张，但是主管们对小王的一致评价就是学习力很强、文字表达能力突出、具备团队领导能力。

从进公司开始的第一个方案，小王就以出色的文字表达能力给主管们留下了深刻的印象，之后领导开会用的报告、发言稿、策划案等都交给小王来做，再加上小王工作非常积极主动、学习力非常强、业务素质提高得很快、和同事们打成一片、工作配合良好等优良品质，小王自然就得到了领导的青睐。

一个人的书面表达能力对工作有着重要的作用，有时候它能给人留下良好的第一印象，就像一个人会写一手漂亮的文字可以增强别人对他的好感一样，一个人能写漂亮的文章也是一大强项。小张第一次的书面报告就给主管留下了糟糕的印象，所以尽管小张有优异的专业知识，但文字表达能力不佳，使他失去了主管的器重和与同事配合的默契，同时也失去了升职的机会。小王的机会恰恰在此，因为他良好的文字表达能力被主管注意到，再加上各方面的素质都很优秀，所以很快得到了重用。

良好的书面表达能力可以为我们的工作增色。在现代工作中，我们会遇到各种需要通过书面表达的机会。如果拥有良好的书面表达能力，抓住每一次机会，突出自己的优点，就会使你很快被“看见”，表现的机会也会多一些。

很多情况下，团队的内部交流需要通过书面形式进行，良好的书面表达能力使我们将自己的建议和方案表达清楚，推动团队的沟通与交流，进而促使团队配合得更加默契。

怎样提高自己的书面表达能力？

1. 多看多记多问。平时多看别人的文章，多看书报，多记忆、积累词汇和素材，同时多和周围人交流，多向书面表达能力强的人请教。

2. 多模仿多写，不怕失败。多模仿别人的文章，从文风到遣词造句，融会贯通、熟练运用就是自己的东西。多练习，不怕失败，多征求别人的意见，多加修改，每次修改都是一个提高，长期练习下来，就会取得明显的进步。

3. 掌握理论知识。了解不同文体的不同写作要求和侧重点，掌握理论知识才能更好地指导我们进行实践活动。

4. 提高个人文化素养。文章会反映个人的文化素养，提高个人文化素养，使自己的知识总量和范围都有所提高，这样在写作过程中才能更好地遣词造句。

要有良好的沟通能力

因为沟通不到位而引发的分歧、冲突在职场中随处可见：老板霸道、部属不肯配合、同事恶性竞争、合作伙伴听不进建议、客户无理挑剔……然而人们却发现不了很多问题其实都是沟通的错，而是把原因归结于人的性格、人品等因素。其实，人与人之间的矛盾很多都是由于沟通不畅而引起的。第二次世界大战的名将麦克阿瑟已为现代职场的需要做了预示："沟通的目的不是为了增加了解，而是为了避免误解。"

汇报工作、开会发言、与同事合作、协调工作、薪酬谈判……职场人士在每天的工作中都会遇到各种各样的沟通场景。某职业培训师通过这些沟通场景发现，沟通效果与职场人士的工作绩效和职位升迁有直接的关系。因此，该职业培训师建议职场人士在具备专业技能的同时，应该懂得如何沟通，提高沟通能力。

周林伟毕业后进入一家大型企业，然而工作一段时间之后，周林伟发现，这家企业是一个存在很多弊病的家族式企业，所有重要的职位都由老板的亲属把持，而且很多工作因为是亲属关系，而令手下人难以开展。最令他难以忍受的是，公司老总的儿子眼中只有产品研发，对人力资源管理不管不问。

此时，周林伟意识到这是一个很好的表现自我的机会。于是，他在精心写了一份报告后，拿着自己的建议书走进了上司的办公室，开门见山地指出了公司在管理、制度等方面的许多问题。他说："我觉得咱们公司虽然效益很好，但也要意识到家族企业的弊病。"上司微微皱了一下眉头，说："你说的这些问题确实存在，但公司一直在创造效益，这难道不能说明我们目前的体制有它的合理性吗?"

"可我们不能仅仅满足于眼前的成就，还要着眼于未来。从长远来看，当企业发展到一定阶段时，家族企业会极大地阻碍企业的发展。"

"那你说该怎么办?"

"目前还没有。"

"那你等方案完成后再说吧。"上司下了逐客令。

之后，周林伟很努力地工作，但上司一直对他不冷不热，这让他意识到自己的"谏言"可能触怒了上司，于是他再也不敢在会上发言了。上司问他工作上的事情，他也支支吾吾地不说清楚，总是让上司一头雾水。而且与同事间沟通协调的工作，他也懒得做了，他觉得这些都是出力不讨好的事。

就这样，他将自己困在一个小世界里，不与人沟通，不将自己的想法告诉他人。

不久，上司将他辞退了。理由是他不善于沟通，使工作难以更好地开展。

周林伟的失败就在于他不懂沟通，且忽视了沟通在工作中的重要性。一个不懂沟通的员工不会成为老板眼中的优秀员工。

沟通是一个信息交流的过程，有效的人际沟通可以实现信息的准确传递，从而与他人建立良好的人际关系，借助外界的力量和信息解决问题。

成功学大师戴尔·卡耐基说："一个人的成功，只有15%归结于他的专业知识，还有85%归结于他表达思想、领导他人以及唤起他人热情的能力。"这就说明，无论在任何时候，沟通都是一个人取得成功的最重要因素，其重要性甚至远远超出他的专业知识。

在这个世界上，我们不是生活在孤岛中，每个人都要学会与他人沟通，现代社会强调最多的就是社会分工，是合作精神。随着社会化分工越来越细，团队精神和协作精神只会越来越重要，这样一来，就对沟通能力提出了更高的要求。

美国人力资源学会调查发现：现代职场人士必须具备的五大技能是：执行追踪能力、谈判沟通能力、学习创新能力、分析判断能力、领导管理能力。其中谈判沟通能力被誉为“职场成功的加速器”。

上海某职业顾问公司进行了一项“2004 年大学生职业发展调查”，结果显示：40% 的大学生认为，懂得与人沟通能力是最能决定就业成功与否的因素。

沟通能力是不可缺少的职场技能，是否具有良好的沟通能力是一个人决胜职场的关键。

怎样才能迅速提高自己的沟通能力？

1. 客观地评价自己是否具有良好的沟通能力。如果感觉自己与别人沟通不畅，就要有意识、有目的地去培养。工作中遇到问题请教别人，经常和同事聊聊天，和朋友说说话，抓住一切可能的机会与别人沟通，从而掌握沟通的技巧，不管对生活还是工作都有很大的帮助。

2. 转变说话方式。有的人说话方式太过直白，这就会伤害别人的自尊，如果能稍加委婉，就会收到良好的效果。比如，某位主管总是喜欢训人，有人告诉他这种方式不好之后，他就刻意去改变。一次，一个下属做错了事，他没有责备和怪罪，而是先认同业务同仁的努力，再一起讨论补救的方式，最后赞赏对方能勇敢地说出问题。从此，就像施了魔法一样，他们之间原本的沟通落差就消失了。

3. 多练习。著名的沟通专家、台湾卡耐基课程负责人黑幼龙强调，沟通是一种习惯，只要通过练习就可以学会。沟通和游泳一样，如果只看书，而不下游泳池，就永远学不会游泳。接下来，在了解自己的沟通类型后，就要有侧重地学习沟通中的欠缺之处。

4. 分清场合，分清对象。不同的场合、不同的对象，应采用不同的沟通方式。在沟通中要注意察言观色，在合适的场合用合适的方式来表达自己的观点或与他人商讨问题，以便全面地提高自己的沟通能力。

5. 善于倾听，破解对方细微的非语言细节。沟通并不只是相互说几句话而已。为了沟通顺利进行，沟通者之间必须相互传达信息。而且，对方的非语言细节也非常重要。工作中要注意培养自己的观察能力，这样在与人交流时，就善于从对方不自觉的姿势表情或神态中发现对方的真实想法，从而达到沟通的目的。

智商测试答案及结果评估

【测试答案】

1. B　2. C　3. E　4. B　5. C　6. 26　7. A

8. B　9. A　10. C　11. 9　12. B　13. C　14. 6

15. D　16. 36　17. B　18. A　19. 美国

20. D　21. 64　22. 科学　23. 式　24. 60

25. E　26. 奠　27. 脑　28. 5　29. 36　30. O

【解题思路】

第6题： 2，8，14，20，前项加6等于后项。

第11题： 3 − 1 = 2，2 + 2 = 4，4 + 2 = 6，6 − 1 = 5，5 + 2 = 7。

规律：从3开始，依次 −1，+2，+2，−1，+2，+2。7 + 2 即是9。

第14题： 奇数位是9、8、7，偶数位是7、6、5。偶数位是奇数位减2，奇数位是偶数位加1，5 + 1 = 6。

第16题： 先将数字分为两组：961（25）432；932（　）731

第一组 9 + 6 = 15，3 + 2 = 5，公约数取5。中间 1 + 4 = 5。5 × 5 = 25。

第二组 9 + 3 = 12，1 + 3 = 4，公约数取4。中间 2 + 7 = 9。4 × 9 = 36。

第21题： $1^3 = 1$，$2^3 = 8$，$3^3 = 27$，$4^3 = 64$。

第24题： 先将数字分为两组：16（96）12；10（　）7.5

$(16 - 12) \times 24 = 96$

$(10 - 7.5) \times 24 = 60$

第28题：

$8^2 + 1 = 65$　$6^2 + 1 = 37$　$4^2 + 1 = 17$　$2^2 + 1 = 5$

第29题： 先将数字分为两组：41（28）27；83（　）65

(41 - 27) ×2 = 28

(83 - 65) ×2 = 36

【计分方法】

每题答对得5分，答错不得分。共30题，总分150分。

【结果评估】

大多数心理学专家赞成按以下标准对人们的智力水平进行分类：

140分以上，天才；

120~140分，极优秀；

100~120分，优秀；

90~100分，常才；

80~90分，较正常；

60~70分，轻度智力障碍；

50~60分，愚钝；

25~50分，痴呆；

25分以下，白痴。

智商　情商　逆商

E M O T I O N Q U O T I E N T

第二部分

情商（EQ）

情商是指感受、理解、表达和调控自我及他人的情感，把握自己心理平衡，形成自我激励的内在动力机制，妥善处理人际关系，有效控制工作中的负面情绪，始终保持积极状态的情绪控制能力。一个人情商的高低将直接影响到他做事的质量、效率，看待问题的方式方法以及决定选择时的判断和勇气等。

面临着来自工作的以及家庭等的各种压力，人们往往会出现烦躁、焦虑、困惑的状态，从而导致无法控制自己的情绪，影响工作和人际关系。在工作中，如果不能很好地控制自己的情绪，不能与同事、领导搞好关系，势必影响到自己的工作心情和事业发展。一个员工工作能力再强，如果工作中的人际关系处理不当，就难以在公司生存下去。而如果你有较高的情商，不但可以克服各种负面情绪的困扰，更可以借助各方面的力量做出一番业绩，迅速走向成功路。因此，打造较高的情商也是优秀员工的必修课。

情商(EQ)测试

以下是欧美企业广泛采用的情商测试卷，可口可乐公司、麦当劳公司、诺基亚公司等众多跨国公司曾以此作为员工 EQ 测试的模板。本测试卷可以帮助你了解自己的 EQ 状况。切记：如果你真心想对自己有一个判断，那你就不应施加任何粉饰，去有意识地展示你的优点而掩饰你的缺点。

本测试卷共 33 题，测试限时 25 分钟，最大 EQ 分值为 174 分。

如果你已经准备就绪，请开始计时。

第一组：请从下面的问题中，选择一个和自己最切合的答案，但要尽可能少选中性答案。

1. 我有能力克服各种困难。(　　)

A. 是的　　B. 不一定　　C. 不是的

2. 如果我能到一个新的环境，我要把生活安排得（　　）。

A. 和从前相仿　　B. 不一定　　C. 和从前不一样

3. 一生中，我觉得自己能达到我所预想的目标。(　　)

A. 是的　　B. 不一定　　C. 不是的

4. 不知为什么，有些人总是回避或冷淡我。(　　)

A. 不是的　　B. 不一定　　C. 是的

5. 在大街上，我常常避开我不愿打招呼的人。(　　)

A. 从未如此　　B. 偶尔如此　　C. 有时如此

6. 当我集中精力工作时，假使有人在旁边高谈阔论。(　　)

A. 我仍能专心工作　　B. 介于A、C之间

C. 我不能专心且感到愤怒

7. 我不论到什么地方，都能清楚地辨别方向。(　　)

A. 是的　　B. 不一定　　C. 不是的

8. 我热爱所学的专业和所从事的工作。(　　)

A. 是的　　B. 不一定　　C. 不是的

9. 气候的变化不会影响我的情绪。(　　)

A. 是的　　B. 介于A、C之间　　C. 不是的

第二组：请如实选答下列问题。

10. 我从不因流言蜚语而生气。(　　)

A. 是的　　B. 介于A、C之间　　C. 不是的

11. 我善于控制自己的面部表情。(　　)

A. 是的　　B. 不太确定　　C. 不是的

12. 在就寝时，我常常（　　）。

A. 极易入睡　　B. 介于A、C之间

C. 不易入睡

13. 有人侵扰我时，我（　　）。

A. 不露声色　　B. 介于A、C之间

C. 大声抗议，以泄己愤

14. 在和人争辩或工作出现失误后，我常常感到震颤，精疲力竭，而不能继续安心工作。(　　)

A. 不是的　　B. 介于A、C之间　　C. 是的

15. 我常常被一些无谓的小事困扰。(　　)

A. 不是的　　B. 介于A、C之间　　C. 是的

16. 我宁愿住在僻静的郊区，也不愿住在嘈杂的市区。(　　)

A. 不是的　　B. 不太确定　　C. 是的

第三组：在下面问题中，每一题请选择一个和自己最切合的答案，同样少选中性答案。

17. 我被朋友、同事起过绰号、挖苦过。(　　)

A. 从来没有　　B. 偶尔有过　　C. 这是常有的事

18. 有一种食物使我吃后呕吐。(　　)

A. 没有　　B. 记不清　　C. 有

19. 除去看见的世界外，我的心中没有另外的世界。(　　)

A. 没有　　B. 记不清　　C. 有

20. 我会想到若干年后有什么使自己极为不安的事。(　　)

A. 从来没有想过　　B. 偶尔想到过　　C. 经常想到

21. 我常常觉得自己的家庭对自己不好，但是我又确切地知道他们的确对我好。(　　)

A. 否　　B. 说不清楚　　C. 是

22. 每天我一回家就立刻把门关上。(　　)

A. 否　　B. 不清楚　　C. 是

23. 我坐在小房间里把门关上，但我仍觉得心里不安。(　　)

A. 否　　B. 偶尔是　　C. 是

24. 当一件事需要我作决定时，我常觉得很难。(　　)

A. 否　　B. 偶尔是　　C. 是

25. 我常常用抛硬币、翻纸、抽签之类的游戏来预测凶吉。(　　)

A. 否　　B. 偶尔是　　C. 是

第四组：下面各题，请按实际情况如实回答，仅须回答“是”或“否”即可，在你选择的答案下打“√”。

26. 为了工作我早出晚归，早晨起床我常常感到疲惫不堪。

是（ ） 否（ ）

27. 在某种心境下，我会因为困惑陷入空想，将工作搁置下来。

是（ ） 否（ ）

28. 我的神经脆弱，稍有刺激就会使我战栗。

是（ ） 否（ ）

29. 睡梦中，我常常被噩梦惊醒。

是（ ） 否（ ）

第五组：本组测试共4题，每题有5种答案，请选择与自己最切合的答案，并将序号填在括号里。

答案选项如下：1——从不，2——几乎不，3——一半时间，4——大多数时间，5——总是

30. 工作中我愿意挑战艰巨的任务。（ ）

31. 我常发现别人的错误。（ ）

32. 能听取不同的意见，包括对自己的批评。（ ）

33. 我时常勉励自己，对未来充满希望。（ ）

“情商测试答案及结果评估”见本书第185页。

第一章

不做职场“木乃伊”

激情是一切成功的开端，没有激情的工作往往是失败的先兆。

激情之火不是靠外界环境的刺激来点燃，而是靠自我内心的力量去实现。一个职场情商高手不会让工作的内容、压力的大小、领导的宠辱、同事的离合来影响其内心的激情迸发。每天，只要他一走进办公室，浑身就会立马充满干劲儿。他也会遇到职场“灰色期”，会患上“职业倦怠症”，但他都会一一化解，巧妙应对，因为他懂得激情需要靠自我调节、自我激励来获得。

如果你的工作激情已经熄灭，如果你已经走入职场“灰色期”，如果你已经患上“职业倦怠症”……你应该立即调动你的情商，迅速调整自己的心态，重新燃起工作的激情。千万不可让自己麻木下去，成为职场“木乃伊”。

是什么熄灭了你的似火热情

相信很多人都有过初入职场时激情四射、干劲儿十足的状态。当时可谓豪情万丈，对前途寄予“厚望”。但时间一长，当工作驾轻就熟，工作的新鲜感消失，日复一日地重复相同而琐碎的事务时，他们就会感到自己像机器人一样，心灵被掏空了，再也找不到当初的似火热情。一旦工作不顺心，他们就会出现消极的情绪，敷衍、偷懒、拖延也随之而来。甚至当困难和不满来临时，他们就会为自己找个跳槽的借口——“没了工作热情，想换个环境，免得在这儿浪费青春”。然而，每一次的跳槽都是重蹈覆辙，短暂的激情之后，工作还是一样的枯燥，情绪又是一落千丈。那么，究竟是什么原因熄灭了他们的似火热情呢？

其实，出现这种情绪的原因无非是三种：工作时间久了，激情消退；对公司或人事不满，情绪消极；工作的压力太大，身心疲惫。但这些因素归根到底就是因为他们没有明白工作的价值和意义。他们动辄以“没有激情”为由放弃工作中的机遇，也常常以“缺少激情”为由逃避工作中的难题。其实，只要在工作中树立起使命感，有明确的目标，就能在工作中产生前进的动力。

只有在热爱工作的前提下，才能把工作做到最好。一个人在工作时，如果能以不怕吃苦的精神和火焰般的热忱投入到工作中，充分发挥自己的特长，那么，即使是做最平凡的工作，他也能成为最棒的员工；如果他以消极的态度去工作，即使是最高尚的工作，他也终将平庸无为。

当你满怀激情地工作，并努力使自己的老板和顾客满意时，你的收获将会不断增加。而工作中最巨大的奖励不仅仅来自财富的积累和职位的晋升，还有由工作热情带来的精神上的满足，那是自我内心的一种安然，是对自我价值的一个交代。

张倩是个幸运的女孩。她大学刚毕业不久就找到了一份自己喜欢的工作，为一家大型房地产公司做总经理助理。她做事非常干练，人又漂亮，深得大家喜欢。刚进入公司时，她觉得凭自己的才华肯定能大展身手，做出骄人的业绩。所以，每天她都保持着充沛的工作热情，勤勤恳恳，以能够学到新东西为乐。

可是，每天老板交代什么她就做什么，随着时间的推移，她早已从那些枯燥、琐碎的工作里面汲取不到新鲜血液。很快，张倩就没了工作热情，厌倦了这种一成不变的工作方式，而且这个家族企业里管理还不完善，有许多不规范的地方，张倩实在不想这么庸庸碌碌地待在这个看不见光明的地方浪费自己的大好青春。

但是跳槽做什么呢？她打电话和一些朋友聊天，那些朋友也和她一样，刚到一个新岗位热情似火，好像要把自己全身的能力一次性发挥出来一样，整天神高气昂，意气风发。可一段时间之后就产生了疲劳感，没了新鲜感，整个人就蔫了下来，既厌倦又无奈，找不到自己的方向。张倩有时候一走进办公室，看见自己的办公桌，就有一种烦躁感，感觉自己和自己的工作像是走进了婚姻里的5年之痒一样难受。

思考良久，张倩打算再给自己一次机会，既然不能改变环境，就改变自己！她定了一个短期计划和长期目标。慢慢地，张倩又有了活力，恢复了以往的工作热情，后来部门经理职位短缺，因为张倩表现突出，顺理成章地坐上了这个位置。

由热情似火到疲倦失落，这种工作状态几乎每个人在刚走上工作岗位时都经历过。不同的是，故事中的张倩没有屈服于乏味的工作，不是在失去了工作热情后就跳槽，希望从新的环境中找回自己以往的热情，而是试着改变心态，让自己重燃激情。

如果你和同事相处融洽，如果你在周一早上和周五早上一样精神振奋，如果你懂得与上司换位思考并且理解公司的企业文化，如果你对公司的产品和服务引以为豪，你就不用担心无法恢复你的工作激情。相反，如果你对工作的价值和意义认识还不够，要找到工作激情就是不可能的了。

工作激情是工作能力的前提和基础，工作激情可以促进工作能力的提高。有了工作激情，才会有工作成果，才能证明工作能力。没有工作激情，成天混日子，只会日渐消沉。

如何保持你的工作激情？

1. 改变心态。世界上没有完美的工作，只有完美的心态，所以改变心态是保证工作激情的有效方法。要认识到自己所从事的是一份有价值、有意义的工作，并且从中可以感受到使命感和成就感。

2. 锻炼韧性。把工作和自己的职业生涯联系起来，锻炼自己的耐性，学会容忍工作中的压力和单调。这就要同时锻炼强大的自制力，当枯燥和乏味来袭时，能够不被它们所击倒，以超强的坚韧性克服这些问题。

3. 明确目标。知道是为了什么而工作，定期给自己定一个新的目标，这样工作起来才会有方向、有动力、有奔头，才有助于保持高涨的工作热情。

4. 释放压力。工作不是野餐会，一个人无论多么喜欢自己的工作，多多少少都会带来压力。面对压力，有些人一味忍受，有些人只顾宣泄，忍受会导致死气沉沉，宣泄会带来无尽的唠叨。这些都是不可取的，应该学会管理压力并科学地释放压力，减轻对工作的恐惧感，心情轻松才容易重燃激情。

5. 不断进取。如果你满足于已经取得的工作成绩，在自我膨胀的小世界里孤芳自赏，那么你就难以向更高的目标奋进，难以提高目前的工作水平，也就难以取得更好的成绩。一个人只有具备不懈进取的精神，才能走出枯燥的状态。

从容跨越职场“灰色期”

随着市场竞争的加剧，公司并购、业务重组、人员调整、内部斗争更加频繁，可想而知，职场也是诡谲多变。谁的职场生涯都不可能一帆风顺，每个人都会有高潮期和低谷期。也许你一直很努力，业绩也许算不上最好，但至少也不差，可是，加薪升职却永远轮不到自己；也许你曾经是老板的红人，也风光一时，但现在老板似乎不再那么信任你，不再分配给你重要的工作，不再赞扬你的业绩，你的地位在下滑；也许你曾经豪情万丈，发誓做出一番成就来，但现在你在工作几年后，逐渐发现工作不过就是这么回事，你开始渐渐产生反感情绪，一度想要逃离职场。这些状况想必很多人都曾经历过。遇到这样的职场“灰色期”，谁都会感到烦闷，情绪一落千丈。因为，做一个职场红人，顺风顺水无不是每个人的职业理想。

人的一生不可能事事如意，每个人都会遇到自己的多事之秋，即使称不上命运多舛，也大多经历过起伏坎坷。现代人的生活步调快，得失也变得鲜明无比，情绪的震荡常把一些上班族们晃得头昏脑胀。身处职场“灰色期”，若稍有心理调适不当或外在支持无法配合的情况，就极易落入情绪忧郁的恶性循环中。

记得好像有哪位名人大致讲过这样一句话，看一个人是不是真正的英雄，不能看他风光无限时候的表现，而是要看他败走麦城、身陷低谷时候的表现，这大概就是人们常说的“逆境中方显英雄本色”吧！

张颖是一位大学口译老师，工作轻松，环境单纯，三年的教书生涯顺顺畅畅，寒暑假还能兼职做笔译挣些外快。出色的业务能力让她深受领导器重，她的心里充满了喜悦和自豪。

一次偶然的机会改变了张颖现在的职场之路。一次同学聚会，她遇到一个开办翻译公司的同学，这让她心理产生了极大的震荡。三年了，张颖总感觉还在原地踏步，看着别人一步步高升而自己还在原地踏步，她有点不甘心了，也想出去闯一闯，磨炼一下自己。正好这位同学盛意邀请她到那边工作，张颖毅然选择了跳槽！

张颖本来认为这份工作对她来说应该游刃有余，然而，令张颖始料不及的是，由于人文环境的改变，再加上高强度的工作压力、烦琐的日常事务以及棘手的人际关系，她开始感到力不从心，甚至出现失眠、抑郁等不适症。由于身心憔悴，她以往的自信也荡然无存，觉得自己渺小得一无是处，根本就不适应职场的环境。就这样，她的职业生涯走入了“灰色期”。

在职场中，这种现象并不鲜见，深陷职场“灰色期”的人在碰到困难、挫折或职业毫无进展时，都会有强烈的郁闷情绪，有的一时找不到出路，想不到解决的办法而跳槽，有的则可能因一时想不开而轻生。

职场专家认为，职场“灰色期”每个人都会遇到，在这种情况下应该注意调整好自我情绪，重新审视自己制订的目标是不是符合自己的现实状况，同时积极寻找导致这种状况的原因，找到针对的方法，而不要一味地以跳槽为突破口。

此外，处在职场“灰色期”，要克服盲目、犹豫、怀疑等心理，千万不能以悲观的情绪面对失落或者挫折，否则你的低谷期会持续更久。应该寻求更多人的支持、鼓励和认可，主动向同事学习、交流，对自己给予积极地暗示。如果还不能找回自信，就不如选择自己平时最擅长的运动，如打羽毛球之类的，好好地去打一场球，让自己重新获得自信。

每个人对生活都有不尽相同的目标和期望，但是人生不可能没有低谷，只有积极面对，勇于挑战自己才能顺利闯关！以下是对你提出的一些建议：

1. 进行户外运动或者外出旅行。如果工作不顺心，一时又找不到解决的办法，就给自己放个假，抛开世事烦扰，找一片属于自己的净土，去放纵压抑的心情。有时候不熟悉的环境和人群，容易刺激人的兴趣点，转移注意力。享受大自然的拥抱，呼吸着新鲜的空气，和美丽的环境来个亲密接触，会让自己的呼吸、心跳、动作都放慢节奏，逐渐让情绪平缓，压力得到最好的释放。

2. 尝试优势比较法。这里说的优势比较法也是指在你工作中遇到不顺时去想那些在职场上比自己受挫更大、困难更多、处境更差的人。通过挫折程度比较，逐渐平和自己的失控情绪，能够平心静气地寻找、分析自己没有受挫感的方面，即找出自己的优势点，强化优势感，从而扩张挫折承受力。我们给自己鼓劲时，经常说："苦不苦，想想长征两万五；累不累，想想雷锋董存瑞!"这种方法可以用来平衡心理。

3. 确立新目标。生活没有目标，就失去了幸福的方向；工作没有目标，就找不到前进的动力。职场上的挫折干扰了自己原有的工作氛围，影响了自己对工作的积极性，因此，重新寻找一个方向，确立一个新的目标，就显得非常重要。确立新目标，需要重新审视自己，认真分析、思考当前的形势和自己的工作状态，这是一个将消极心理转向理智思索的过程。目标一旦确立，犹如心中点亮了一盏明灯，找到了奋斗的方向，鼓舞自己排除挫折和干扰，不断向前，向着目标努力。这也就标志着人已经从心理上走出了挫折，开始了下一步争取新的成功的历程。

用自我激励克服压抑心境

激励给予人们希望、信心和干劲。对个人而言，激励可以使一个人奋发图强，从挫折和失败中重拾勇气；对团队而言，激励可以促进团队更好地配合，高效地做好一件事。

自我激励包括：订立目标，并时时提醒自己去完成；工作中遇到困难，要保持乐观心态，把失败视为可控制的情况，而不是个人失误；许下诺言，将自己和企业的远景结合，用团体的核心价值决策，牺牲自己以达成目标。

德国人力资源开发专家斯普林格在《激励的神话》一书中写道："强烈的自我激励是成功的先决条件。"

"自我激励"在现代企业中是最有效的激励。它可以使我们从一个消极被动的执行者转换为积极主动的进取者，可以促使我们积极地完成任务，而不是被动地敷衍任务。拥有自我激励精神的员工才能最大限度地发挥自我潜能，将个人成长与企业发展结合起来，可以根据企业整体情况制订出符合自身发展的计划和目标，也能充分调动自我积极性，做出优异的成绩。

在管理者眼中，一名优秀员工和普通员工之间最大的区别就是：前者善于自我激励，能够运用自我推动的力量促使自己工作，并且敢于担当一切责任，而普通员工则不具备自我激励的意识，也不懂得在工作中运用激励的手段促进自己的职业发展。

没有人能够做到永远工作顺利、天天开心，任何人都有遇到困难打退堂鼓需要鼓励的时候。不管个性如何刚强，工作时怎样敢拼敢闯，内心深处都有脆弱的一面。在竞争激烈的职场中，面对种种排山倒海的压力，人们往往感到孤单和彷徨。而压抑的情绪也必然随之产生，如果不善于排解这种压抑的心情，势必影响自己的职业发展。那么，与其压抑地工作，不如学会自我激励，对自己说："我是最棒的！""我一定能成功！""这道坎我一定可以跨过去。"没有谁生来就比别人差，何必总想着"我做不到""我没别人聪明"呢？当挑战来临时，我们只有两条路可走：一是走上相信自己、肯定自己的阳关道；二是踏上否定自己、怀疑自己的独木桥。

其实，人只有充分了解了自己，才能找到最适合自己的成功之路。遇到困难和挫折，不抛弃、不放弃当初的信念，相信自己、鼓励自己一定能行。只有这样，你才能从磨难中奋起，才能从消极中奋发。任何真正的成功都是厚积薄发、积极进取的过程。

艾柯卡是福特汽车公司一名普通的员工，后来因为成绩出色升任公司的总经理。但是8年之后，为福特公司服务32年之久的他因为出色的业绩遭到了大老板亨利·福特的嫉妒，最后被公司以莫须有的理由开除了。

他昨天还是英雄，无数的人对他顶礼膜拜，今天却成了人们躲避的对象，原来的同事、一向要好的朋友都抛弃了他，还有什么比这更让人伤心的呢？妻子气得心脏病发作，女儿埋怨他无能。他愤怒、彷徨、苦闷，甚至想到自杀。一连串的打击对艾柯卡来说无异于从珠穆朗玛峰坠入万丈深渊，但他最终没有向命运屈服。他告诉自己“艰苦的日子一旦来临，除了做个深呼吸，咬紧牙关尽其所能外，实在也别无选择。”他勇敢地站了起来，接受了一个新的挑战：应聘到濒临破产的克莱斯勒汽车公司出任总经理。

上任后的他大刀阔斧地对企业进行了整顿、改革，并以超群的智慧从政府那里取得了巨额贷款。在重整过程中，他遇到了来自四面八方的压力，大家都说他想让一个几乎废弃的公司重振雄风简直是痴心妄想。艾柯卡没有理会这些，他觉得与其在压抑的工作中艰难地行走，不如打起精神放手一搏。他时常对着一面镜子大声喊：“我独一无二，我会成功的!”然后信心百倍地投入工作。

5年之后，艾柯卡把一张8.1348亿美元的支票交给银行代表手里。至此，克莱斯勒还清了所有债务。

如果当初艾柯卡在遭遇无情解雇后不能勇敢地站起来，而是一味沉浸在悲痛和绝望之中，在巨大的打击面前一蹶不振、偃旗息鼓，也许历史上将不会出现辉煌的克莱斯勒汽车公司。一个人要想成功，必须具有百折不挠的精神，学会自我激励，即使屡战屡败，也永不言败，不让挫折打败信心。

要想成为一名出色的员工，走向事业的顶峰，就要具备积极主动、永争第一的品质。不管做的是多么普通、枯燥的工作，都要自我管理、自我激励。

其实，世界上没有一种工作是轻松的。工作本身都带有一定的困难，因此难免让一些人产生压力。但是，对有些人而言，这种压力就不那么明显。因为，他们懂得自我激励比压抑地工作效果强百倍。只要化压力为动力，然后寻求突破，终将会摆脱压力，享受工作所带来的愉悦。

如何激励自己？

1. 留点空闲，做自己喜欢的事。不给人生留下遗憾，每天花一点时间做自己喜欢的事，这样容易有满足感，会让你更容易找回对工作的热情。

2. 自我挑战，远离安乐窝。生活越舒适，越容易丧失对工作的激情。要提高对自己的要求，不断寻求挑战激励自己。

3. 尊重自己的工作。把工作当成自己的事业，无论怎么付出都心甘情愿，并且能够善始善终。在接受任务时，心里要有时间概念。一旦接受任务，就要全力以赴，努力进取，保证实现目标。在可能的情况下，尽量提前完成任务，提前提交工作成果。

4. 调高工作目标。目标太小，会使自己失去前进的动力。制订短期目标和长期目标，一步一步向前走，实现一个奖励自己一次，然后继续信心百倍的大步前进，向下一个目标奋进。如果你的主要目标不能激发你的想象力，目标的实现就会遥遥无期。

5. 合理安排时间。时间安排有松有弛，在遭遇挫折或者近期情绪低落，不能满怀激情地投入工作时，要给自己安排休整点，及时隐退一下，即使是离开自己心爱的工作也要如此。只有这样，在你重新投入工作时才能充满激情。

6. 正视危机。我们往往不自觉地创造一种舒适的生活方式，使自己生活得风平浪静。但没有危机就没有动力。正视危机，才可以促使我们竭尽全力地工作。我们不必坐等危机或悲剧的到来，从内心挑战自我是我们生命力的源泉。

7. 把握情绪。不开心的时候工作效率极其低下。要把握好情绪，及时调整心态，通过回忆自己的情绪高涨期来不断激励自己。

克服“职业倦怠症”

你是不是一度很害怕星期一的来临？你是不是对工作总提不起兴趣？不管如何努力都没有办法提起劲工作，而且觉得无所适从？

你有没有感到自己就像一台机械运转的机器，每天重复着相同的操作程序？外人看你似乎很有业绩，但你自己却觉得原地踏步、自我重复、江郎才尽，进入个人发展的“瓶颈”期？

如果出现上述那些状况，你就要小心了，现在的你已经患了职场常见病——“职业倦怠症”。

职业倦怠症是一种由工作引发的心理疲惫的现象，也可称为“心理枯竭”，一般是职业人在工作多年或工作重压之下所产生的心力耗尽的感觉，此时，人们会感觉身心疲惫、患病、神经衰弱、无精打采、情绪低落、记忆力衰退、注意力不集中、人际关系淡漠、工作效率低下等，甚至出现跟人吵架、打架的现象。这类人总是疑心自己身体的其他部位发生了什么病变，对自己从事的工作产生了严重的厌恶感和倦怠感，时常有摆脱工作的念头在头脑中盘旋等。其实，是他们患上了职业倦怠症。

出现职业枯竭的人犹如离开水的鱼儿，饱受窒息的痛苦。据调查，现代人产生职业枯竭的时间越来越短，有的人甚至工作 7 个月就开始产生厌倦情绪，工作 1 年以上的人则有 30% 的人想跳槽，而工作 3 年以上的人则有 60% 的人想跳槽。

职业倦怠症是目前威胁职场人士事业生涯的最严重杀手，被称为威胁职业生涯的四大疾病之一。某机构曾经进行了一个有关“一网打尽职场通病”的调查。调查显示，最易犯的“职场通病”中排名第一的是：工作倦怠症。

张琦毕业后在一家大型企业做软件开发，工作之初他每天好像总有使不完的劲，精力十分充沛。他每天都是早出晚归，勤奋工作，干出了不错的成绩，真可谓一个“三好员工”。老板器重，公司重用，他的前途一片光明。

一晃六年过去了，这样日复一日、年复一年地像个陀螺一样的工作，使他感到如同鸡肋，索然无味，有一种说不出的厌倦。他不光工作效率下降，有时还感到莫名的绝望，令他身心极度疲劳。最近他总是感觉提不起精神，一坐到电脑前就犯困，每天去上班犹如去受刑，坐在办公室就心不在焉。而且他晚上睡眠质量特别差，稍有一点动静就会惊醒，身体状况大不如前。他情绪不稳定，看谁都不顺眼。这种状况令他很是烦恼。

虽然工作也有清闲的时候，但他还是越来越烦躁，他不知道在以后的几十年中，他的明天是否永远是今天的拷贝。他也想过自己创业或换家公司，但却无法割舍这里熟悉的氛围和优厚的薪酬。在这种矛盾的状态下，他成了被惯性推着走的没有方向的人。

张琦意识到自己好像得了职业倦怠症。

他试图打破这种局面，寻找事业的突破口，重新点燃工作的激情。但是，他尝试了很多办法，都无济于事。他想，如果再不做出调整，他就可能要从这家待遇极佳的公司辞职。于是，他决定独自跑到一个山清水秀的地方待一阵。由于长期处于紧张工作状态中，突然到大自然中精神一下放松舒畅，紧张情绪全都没有了。他仔细思考让自己厌倦工作的原因，具体问题具体分析，定下了行动策略。

不久之后，他又恢复到以前生龙活虎的状态。

像张琦这样的例子，在职场中屡见不鲜。职业倦怠症不仅危害自我身心，还会导致压抑氛围“传染”给他人，影响团队工作效率。

为什么人们会产生职业倦怠情绪？这同人们对事物的审美疲劳有关。很多处于职业倦怠状态的人往往认为没有激情是无法逃避的事，于是他们就顺其自然地接受了这种现状。可你是否想过：我们每天都要吃饭，那么我们为什么不会厌倦呢？因为这是生理上的需要。而对于自己的工作，人们的心理就有不同。当一个人无法从工作中获得更多时，他便会产生厌倦情绪。其实，并不是工作有多大变化，而是个人的心态发生了变化，当他在工作中找不到他想要的东西时，当初让他满意的工作就会变成鸡肋。

你是否患有“职业倦怠症”，不妨自己做一个小测试。下面各题，在符合你的情况后面画“√”。

1. 你经常头痛或觉得浑身无力。(　　)

2. 你的肠胃功能失调。(　　)

3. 当你被老板叫到办公室时，你会产生恐惧感。(　　)

4. 你早上有时候赖床，而且很少吃早饭。(　　)

5. 每天你都盼着周末的到来。(　　)

6. 你常常感到无所事事或工作没有进展。(　　)

7. 你总是喜欢一个人独处，不想与同事们交往。(　　)

8. 你假日懒得出游和锻炼，总是在家里睡大觉。(　　)

9. 你回到家里不想干家务活。(　　)

10. 你经常失眠。(　　)

上述各题，如果你画了5个以上的对勾，那么就可以说，你已经不幸患上了“职业倦怠症”。

怎样才能克服“职业倦怠症”？其实，任何工作做久了，都会产生枯燥之感，即使是在工作环境最好、待遇最好的全球性大企业里，你照样无法避免这种情况。可是，工作又是我们必须要做的事，所以，我们就要学会找到解决的办法。

1. 以坚韧的精神“熬过去”。古人说：远路无轻担，成功路上没有一帆风顺，所以坚韧才是体现一个职业人士精神的所在。能不断重复做好每一件事，才是专业化的表现。也因此，治疗职业倦怠症的有效办法就是“熬过去”。

有一个权威机构曾经做过一项有关职业倦怠的调查。调查数据显示，通常工作前10年的职业倦怠比例较高，其中工作5年的受访者比例最高，达到了49%。工作1年、2年、3年、4年的受访者出现职业倦怠的比例依次为：44.7%；40.7%；40.5%；43.7%。

而工作20年以上的职业倦怠程度最低，仅为30%。所以，在你最痛苦的时候忍一忍，“熬过去”不失为对付倦怠症的一个好方法，虽然有点愚笨，但也是效果比较好的一个方法。

2. 找到自己的“所爱”。一个人如果找到一份自己喜欢，而且适合自己性格、气质和爱好的工作职位，则会极大地发挥出自身的热情，做到人和工作的最佳匹配，在工作岗位上大展宏图。相反，再好的岗位，如果不符合自己的喜好和特点，一段时间后，就会使人厌倦，出现职业枯竭。

所以，如果目前的工作不是你的“所爱”，如果你仅仅是看在每个月能领到一份薪水的份儿上才疲于应付，那么，你还是痛下决心，坚决地舍弃这份“错爱”，找个机会向老板言明自己的处境和期望，坦陈这一岗位不适合自己的理由，让老板帮助你找个能发挥自己专长的位置。另外，适时换岗也有助于你克服职业枯竭感。

3. 给自己设定工作目标。有了目标，工作才有方向，才有干劲。目标可以激励自己鼓足勇气，战胜倦怠。因此，给自己制订一个工作目标，小到一天，大到一年，当完成一个目标时，就会从心理上感到一种成就感和满足感，这种感觉是促使自己前进的力量。这时，让自己放松一下，给自己来点奖励，就可以精神饱满地为下一个目标努力。

4. 学会规划职业生涯。身在职场，必须清楚自己的生涯规划和工作远景，唯有目标明确，才能激发工作热情和前进动力。经常“充电”，学会管理好自己的情绪，做好职业生涯管理，在忙碌中不忘留点空间给自己。运动，是身体最好的药；简单，则是心灵快乐之源。

5. 清楚自己的需要。你希望工作满足自己的哪些需求，得到答案后再去检视目前的工作究竟无法满足你的哪几项需求。职业枯竭感是因为目前的工作无法满足你的所需，因此，分析自己的需求该如何得以实现，也许就能巧妙地化解职业倦怠。

6. 不断进行职业创新。如果给平凡的岗位注入创新的血液，则会焕发出新的活力。因此，要学会给自己的工作创新，让自己摆脱枯燥与无

聊，充满激情和斗志，

7. 学会自我调节。不要一味忙于工作，要有节律地休息，最好工作一段时间后，就出去旅游一次，抛开工作，彻底放松，达到改善紧张情绪和缓解压力的目的。同时，经常进行身体检查，如果身感倦怠而病理上找不到任何异常，就应该考虑寻求心理医生的帮助。

主动去找任务

洛克菲勒曾说过一句话：“请求老板分派工作比顺从老板分派工作要更高一个层次。”这句话说出了两种截然不同的工作态度——主动和被动。工作主动的人能够在老板没有告诉自己该做什么的时候就主动去做，而工作被动的人则常常听命行事，甚至需要别人在后面催促，才能向前走一步。这类人眼里似乎永远没事儿，他们不仅在工作中不敢提出自己的意见，更不会去考虑接下来该做什么。

客观地说，在如今的职场中，许多人的工作是被动而茫然的。他们每天忙忙碌碌，却不清楚工作的意义。他们每天在固定的时间上、下班，在茫然中工作了一天又一天，然后到了固定的日子领回薪水，在高兴一番或抱怨一番之后，又开始茫然地上、下班。在工作中，他们老老实实地按照老板的意思做事，从不发表自己的任何见解。对于工作中出现的问题，他们能回避则回避，从不肯主动去解决。他们工作起来死气沉沉，毫无激情，他们工作的目的只是为了挣钱养家糊口。他们把公司当成与自己毫无关系的团体，不关心公司的现状和前途，不懂得节约公司的资源。

优秀员工和普通员工的区别在于：是否拥有主动工作的积极性。普通员工一般会这么想：“公司为我做了些什么？”而那些优秀员工则会想：“我能为公司做些什么？”大多数人都认为只要尽自己的能力完成分配的任务，做好自己本职的工作，对得起自己的薪水就可以了。他们对自己没有较高的要求，没有进取精神，得过且过。但是，若想取得成功，这是远远不够的。你只有付出更多，才能获得更多。

艾伦是一家公司的小职员。她工作勤恳，但一直没有提升的机会。她很苦恼，想换个工作。在和一个朋友聊天时，她说出了自己心中的苦闷。听完艾伦的牢骚，她的朋友并没有说什么，而是很平静地告诉她："工作中与我们一样努力的人很多，那么，我们如何才能胜人一筹，突出自己呢？那就要学会主动去想，主动去做，不要一切都等老板吩咐。"

艾伦听后茅塞顿开，就按照朋友的劝告去做。此后不久，她果然提升了。

一天下午，与艾伦同在一层楼的一位律师走进来请她找一位速记员帮忙。当时所有速记员都下班回家了。这位律师看起来非常着急。艾伦觉得晚些时间回家无关紧要，但是工作必须在当天完成。她就主动留下来帮助他。一直忙到深夜12点，工作才做完。律师很感激地向艾伦道谢。

不久，艾伦收到了这位律师付的800美元酬金，并且非常诚恳地邀请艾伦到自己公司工作，薪水比现在高出1000多美元。

职场中，我们不仅要懂得服从，学会遵从老板的意思办事，还要学会主动地独立解决问题，不要总是等老板吩咐给自己任务，才肯去做事情，在没有事情可做的时候，就无所事事。别人都下班了，为了公司的利益艾伦没等老板吩咐，主动接下了这份额外的工作，由此给自己创造了发展的机会。

一个做事总是等着老板的吩咐，完全按照老板的意思去做的人永远无法出人头地。任何事都需要主动去创造条件。没有你自身的主动努力，成功不会降临到你的身边。工作中如果你不能采取主动，那么你就相比别人少了很多晋升的机会。当很多人都懂得主动做事去争取机会的时候，你还在一旁被动消极地等待机遇的降临，结果就只有失败。成功需要我们比别人多做一点，需要我们发挥主动性、积极性，把工作当成自己的事来认真对待，这样我们才能更顺利地行走在职场的大路上。

主动寻找事情去做的人能够主动请缨、主动为公司考虑问题，这也是当下老板所器重的最优秀的员工。那些总是等着老板交给任务，然后才去做的人，永远不会在事业的道路上有较大的发展。

一个人想要取得事业上的成功，积极主动的精神是最重要的。缺乏主动精神往往是一个人事业失败的主要原因。一个总是被动做事的人难以付出百分之百的责任心，他们没有把工作当成自己的事认真去做，自然难以得到老板的认可。而那些总是能毛遂自荐、敢于担当的人则势必赢得老板的欣赏。

因此，在平时的工作中，每一个人都应该培养主动精神，不能凡事都等领导的吩咐和催促，别让懒惰的情绪占据我们的思想，绝不养成坐享其成的毛病，要努力摒弃被动等待的坏习惯。领导布置了工作，我们要认真去做，领导没有布置工作，我们也要主动去做。我们应当培养自己的工作主动性，充分发挥自己的主观能动性，把领导交给自己的任务尽可能出色地完成，并且积极主动力求超额完成。当我们这样去做的时候，相信老板绝不会视而不见。你主动为公司创造了不菲的业绩，你的成功也就不再遥远。

一个优秀的员工永远不缺乏主动的精神，他们懂得要为自己负责，更懂得要为老板负责。李开复博士曾经说过："每一个年轻人都要拥有一颗积极、主动的心，要善于规划和管理自己的事业，为自己的人生做出最为重要的抉择。没有人比你更在乎你自己的事业，没有什么东西像积极主动的态度一样更能体现你自己的独立人格。"

应该怎样培养积极主动的精神呢?

1. 要拥有积极的态度，远离被动的习惯。乐观面对人生，把握自己的命运。

2. 敢于挑战。一个害怕失败的人往往不具备挑战性，从来不敢朝有风险的路上行走，在平坦的大道上，走得固然顺利，却没有崎岖小路的美丽风光。正是因为道路过于平静，所以才失去了挑战的勇气，所以也就不会有成功的可能性。

3. 做好充分的准备。邂逅机遇，把握机遇，创造机遇，在机遇面前积极地推销自己。

从工作中发现乐趣

生活中我们经常会听到一些朋友埋怨自己的工作很无聊，说自己每天过得没有意思；还有的抱怨自己命不好，运气不佳，没有找到一份理想而舒适的工作。甚至有些人在一个工作岗位做了没多久，觉得工作乏味体现不了自己的人生价值，就立刻跳槽，但是，跳来跳去还是在原点踏步。一个不会寻找工作乐趣的人无论到了哪儿都会一事无成。

人人都希望自己拥有一份轻松、舒适的工作，只是有时因为环境所迫，生活无奈，才不得不在乏味的工作之中奔波。

这已经成为一个普遍现象，越来越多的人感到工作给自我带来“荒废感”，这样一种可怕的工作状态反映了人们对工作丧失了兴趣，只是抱着“混日子”的态度来工作。其实，不管什么工作，性质都一样，只是我们没有用心投入到工作当中，享受工作带来的无限乐趣而已。

虽然工作是生活的必需，但是我们绝对不能让自己成为工作的奴隶，把烦躁、低落的情绪带到生活中。如果工作真的让你如此不堪，那么你肯定不是一个快乐的人。

不管你做什么工作，都可以从中获得经验、知识和信心。人的一生要取得长足的进步，就需要不断地去学习新的知识，从而充实自己。工作不正是一个很好的学习机会吗？在开始的阶段，有公司的培训，这就等于我们拿到了入门的金钥匙；中间还会有同事的帮助和上级的指导，他们就是我们学习过程中最好的老师。能在不断地学习和理解中充实自己，给自己的未来增添一些动力，这便是一种乐趣。

琳达是一家小书店的老板，有一段时间她对每天不是订货就是送货这样一成不变的工作方式非常厌倦，感到工作毫无乐趣可言。

为了改变这种状况，她无数次地问自己：“这种状态虽然不好，但是我能舍弃这份工作吗？我能在我的职业中施展我的才能吗？”答案是“不能”。

后来，她终于想到了一个方法。就是把工作当做一个有趣的游戏：比如有人打电话订货，她会一面接电话，一面举手招呼她的伙计，立刻把图书送去。这样既提高了效率又改善了心情。

有一天，电话铃响起，她拿起话筒，大声地回答说：“好的，麦克先生，五本历史教材，一本生物教材，还要其他的吗？啊，今天天气真好……”

她跟顾客不仅说些工作上的事，还这样顺便问候一声，同时，她指挥伙计把货物取齐马上送去。这些伙计经过她的训练，已经能够很快地将图书处理妥当，将图书送去。有一次在接通麦克订货电话的几分钟内，图书已经送到顾客的家门口，但他们仍继续谈话，直到听到：“门铃响了，琳达女士。”

这时，她放下话筒，面露喜色，因为她知道货物已经很顺利地送到，而且令客户非常满意。

这件事之后，琳达的生意就好了很多。因为麦克先生常对别人说起这件事，他说他订货的电话尚未打完，图书就已经送来了。麦克先生无意中的传播，大大提高了琳达的知名度，这样一来，附近的居民都来她的书店买书，并且渐渐扩展到别处的居民，最后都成为她的忠实顾客。她的生意渐渐好起来。从此以后，她不再是一个小老板，她的小书店慢慢扩充为公司，然后成立了文化公司，不久，又在各地开设了连锁店，琳达也成为美国文化业的领军人物。

琳达之所以能够成功，很大程度上是由于她对工作有积极的态度，她懂得将枯燥的工作兴趣化，及时转换工作心情，把乏味的工作当成有趣的游戏进行，自然可以做得轻松愉快。

希罗多德说：“如果一个人总是严肃认真，不允许自己放松或享受一点快乐，那么他就会在不知不觉中发疯或变得喜怒无常。”人生苦短，如果不能在快乐的心情中度过，将是一件非常遗憾的事。而工作占据了我们大部分的时间，因此，在工作中保持快乐的心情也就意味着我们的人生是快乐的。

有专家组织了一场针对职场人士的调查活动，发现一个有趣的现象：在150名受访者中，仅仅有35%的人感到“有所收获”，54%的人则感到“工作毫无乐趣”，还有11%的人觉得“无所谓，得过且过”。

“请愉快地工作，哪怕是假装的。”这是西门子所崇尚的一条很有意思的企业文化。一个人能否从工作中感受到乐趣，与工作本身的难易、环境的好坏、待遇的高低没有最根本的关系，而与一个人的心态有着直接的关系。如果视工作为乐趣，你就能开心地工作；如果视工作为痛苦，你就陷入了消极被动的状态。其实，工作本身是没有优劣可言的，关键是我们的心态。

我们发现，所有在工作上有所建树的人都是乐在工作、享受工作的人。他们不以工作为苦，而是充分享受工作的乐趣、挑战和价值。这就是一种健康向上的心态，只有这种心态才能带来愉快心情。

如果抱着为工作而工作的想法，自然不能从工作中找到乐趣，只会愈做愈累，好比生活在痛苦的地狱中，生不如死。与其这样，倒不如主动去发掘工作的意义，找到其“可爱”之处，既可以觉得工作是件有意义的事，也能将工作做好。建议如下：

1. 如果不能选择你爱的，就爱你选择的。每份工作的存在都有它的意义，都有它存在的价值，爱上自己的工作，从工作中寻找乐趣，踏踏实实地学习自己所不具备的知识，要蓄势待发，积累自己的工作经验，战胜自己心理上的疲倦。

2. 学会自我调适。如果不想每天无所事事的生活，就转换一下自己的工作方式，给每天都如撞钟的和尚般按部就班的工作找点乐子。将生活和工作协调好，学会调剂自己的情绪，减轻压力。如果工作出现不顺，也不要灰头土脸，而要振作精神，给自己打气，在心里对自己说：要快乐，要快乐。如此这般，快乐就会真的来了。

学会自我调动工作积极性

比尔·盖茨这样描述他心目中的好员工：一个优秀的员工应该有高度的工作积极性，当他对客户介绍本公司的产品时，应该有一种传教士传道般的狂热！一句话，将你的职业当成一门事业来做，荣誉感和使命感会立即将你工作中的一切不如意一扫而空。工作越干越有劲，人越活越年轻，道路越走越宽广，生活越来越美好。

工作积极性是说，在不必别人催促的情况下能够主动地完成属于你或者不属你的工作。

然而，现实情况是，许多人把工作仅仅当成一个养家糊口的差事，谈不上什么人生目标，甚至认为，你出钱，我出力，是等价交换，我何苦要做不属于自己的工作呢？于是，他们像老牛拉磨一样，敷衍了事，懒懒散散，不求有功，但求无过。这些被动应付工作的人没有投入自己全部的热情和智慧，只是在机械地完成任务。缺乏工作积极性的人，在职场中注定平平庸庸；而养成主动工作、积极进取习惯的员工则能轻松地在职场中获得成功。只有积极工作，你的才能才会得到体现，才能让领导觉得你是个可培养、可提升的人才。更多的时候，领导更加看重工作积极性高的人，因为能够积极工作说明他的心态是积极的，那么，他便有了更高的可塑性。

杨阳是某家公司新来的办公室财务人员。财务工作是非常琐碎、枯燥的，需要以极大的耐心和细心来对待。而工作中的杨阳心态非常良好，脸上时常带着微笑，对于自己的工作，她总是以积极向上的心态来完成，把各种报表、资料、数据等都处理得非常认真、妥善。对于上级交代的任务，她总是快速高效地完成，从来不让领导来催。不管是领导安排还是杨阳觉得应该去做的事，她都怀着愉快的心情积极去做，有时候，有一些临时性的工作老板找不到人手，杨阳都会积极接下来，认真地投入其中。每天早上，杨阳都是最早到达办公室的那一个，同事们一进办公室，就可以看到被杨阳擦得干干净净的桌面和整理得整整齐齐的文件。两个月后，办公室的同事们也都发现，随着杨阳的到来，在她的影响下，大家工作积极性更高了，工作气氛变得更加愉快、融洽了。不久后的评比中，杨阳所在的财务部门成为整个公司最高效、最优秀的团队，杨阳本人也因表现优异受到了公司领导的嘉奖。

机会不是等来的，而是主动争取来的。主动可以让一个人从丑小鸭变成白天鹅，被动则让白天鹅变成丑小鸭。很多时候，事业失败的人并不是缺乏成功的机会，而是缺乏积极主动的精神，这样的人，即便是机会来了，他们也难以发现，更不用说是好好把握了。

在职场中，无论对于个人，还是一个团队乃至公司整体来说，工作积极性都是非常可贵的品质。从小的方面来看，工作积极性可以提高一个人的职业素养和工作能力，能够使其获得更多的锻炼机会，更好地展现自己的才华。从大的方面来讲，工作积极性可以使员工充满工作热情和强烈的责任感，带动公司整体的发展与进步。

在职场中，我们不难见到这样一类人：只有被人从后面催促时，他们才会去做应该做的事。这种人看起来好像是一直都在辛苦工作，却没有多大成色，前途也不甚辉煌，而且时常能听到他们抱怨运气不佳。

老板最害怕的就是自己的员工不积极，缺乏能动性。对于自己分内的事情，他们会按着那些条条框框把它做完，而对于不属于自己分内的但自己力所能及的事情，他们却懒得动一下手指。如此被动的员工，怎会受人赏识呢？

真正优秀的员工，应该学会自我调动工作积极性，随时都保持工作激情，以认真负责的心态来把工作做到最好。也只有积极工作的人，才能够在工作中开拓自己的视野，扩展自己的思维能力和思维空间。

怎样才能调动自己的工作积极性呢?

1. 分清轻重缓急，主动加快工作速度。任务有轻有重，聪明的员工会先分清轻重缓急，先处理紧急的、重要的事项，然后做那些相对来说不太紧急的事情。这样做可以节省时间，留下空间可以主动处理其他一些事情。

2. 养成办事不拖延、做事不松懈的习惯，不推诿，不逃避，自己能够解决的工作全力以赴去完成。

3. 保持身心最佳状态。身心疲倦的人，其工作效率自然低下，想要他们在工作中积极主动地解决问题，提出改善问题的良策，估计是相当困难的。只有身体和心态处于一种活力四射、昂扬向上的状态中，才会有足够的精力积极主动地创造工作价值，提高工作效率。

4. 有创新和合作的意识。优秀的员工应该充满自信，不断进取，多运用创意，多与同事交流。在工作中，团队的力量永远大于个人的力量，而创新意识则能帮助你找到解决问题的更好的办法。因此，创新意识和团队精神是非常重要的。

第二章

巧妙处理职场人际关系

职场犹如江湖，职场人际关系处理不当，势必会带来烦恼，引起矛盾，制造障碍。一个职场情商高手能在鱼龙混杂的职场江湖做到八面玲珑，巧妙周旋。也许他并非能言善辩，但一定有一套做人做事的“小九九”；也许他并非油嘴滑舌，但却可以让同事喜欢，让领导赏识；也许他并非一帆风顺，但他可以做到忍辱负重，不管受到什么委屈，都注重维护领导的面子；也许他并没有万贯家财，没有天大的本事，但他总乐于伸出手帮助他人，因此就收获了好人缘；也许他也有讨厌的同事，但他总能同中求异，做到团结合作。

糟糕的人际关系是职场成功的绊脚石，而良好的人际关系是职场成功的风帆。千万不可轻视职场人际关系！这是你的情商的用武之地，也是你进一步培养情商的温床。

糟糕的人际关系是职场成功的绊脚石

好莱坞流行着这么一句话：“一个人能否成功，不在于你知道什么，而在于你认识谁。”

人脉竞争力已是当今社会一个日渐重要的课题，职场中亦是如此。

在职场中，衡量一个人是否是人才，有时不只看个人的工作成绩，还要看他是否有良好的人际关系，是否与他人能良好地协调、合作。一个人只知道一味地在工作中严于律己、踏实肯干还不够，若与同事龃龉过多，跟老板关系不睦，跟客户总是吵架，那么，你的成功之路就会有很多绊脚石。

身在职场，许多人会被错综复杂的人际关系搞得晕头转向，对明争暗斗、唇枪舌剑的人际交往厌烦至极，望而却步。确实，职场人际关系十分微妙复杂，稍有不慎，就会被人暗算、吃亏上当。不管你有多高的学历，有多老的资历，有多丰富的经验，也不管你有多宽的门路和多强的能力，如果你是一个不受众人欢迎的人，如果你是一个遭人厌恶甚至唾弃的人，那么，由此可以判断你的前途不会有多大。

一个人事业的成功，80%归因于与人交际的能力，20%才是来自于自身的才华。人是群居动物，人的成功只能来自于他所处的人群及所在的社会，只有在这个社会中游刃有余、八面玲珑，才可为事业的成功开拓宽广的道路。没有非凡的交际能力，免不了处处碰壁。可以说，每个在职场上摸爬滚打过的人都会对此深有感触。

周坤很幸运，早早就找到了工作，虽然公司规模一般，但发展还算迅速，效益也不错。周坤聪颖好学，又肯吃苦，因此很快就适应了工作环境，老总和副总都在有意无意间表示了栽培之意。可时间不长，有老员工悄悄告诉他："你看出来了吗，老总和副总不合，应该站哪边，你得慎重！"刚从学校出来，遇到这种事，他真不知该怎么办。经过一番思考后，他决定严守中立，他认为只要干好本职工作，谁能把他怎么着啊！

接下来他注意去观察，果真如此，老总和副总真的不太和睦，他们都喜欢越级交代工作。虽然任务压得人喘不过气来，但周坤还是加班加点地都去做好，尽量做到两边不得罪。几个星期下来，他累得够呛，但两位领导似乎并不领情。他们开始轮流找周坤的岔，也开始教训周坤，常常是他前脚迈出总经理室，就被隔壁的副总经理叫去，换个角度、换套说辞再骂一遍。他不知道自己到底做错了什么。后来，一个老前辈告诉他："两边都帮，可就等于谁都不帮啊！"

人际关系中最难处理的恐怕要数夹在两个上级中间左右为难的情况了。上级之间的斗争就是派系斗争，要想保持中立，做到两边不得罪是件很难的事。其实，问题在于怎么看"得罪"二字。如果你所做的对得起职位、对得起自己，而对方又恰恰不能捅破窗户纸、拿你开刀，那来个"难得糊涂"又有何妨？

在面对公司内的派系斗争时，作为职员的你要坚持"对事不对人"的原则，一切从工作出发，从组织利益出发，按公司的规则和程序来判断、处理工作中的是是非非。一般来讲，对待领导，要服从，而非盲从；要忠诚，而非愚忠。很多时候，领导之间的差异只是方法、手段的差异，并非目的的差异。

有问题最好问问自己的直属上司。如果直属上司的话也让你摸不着头脑，那就直接向发令者询问："老总，您的意见好像跟副总的不一样，您看我怎么跟他解释呢？要不然您跟他沟通一下，行吗？"

如果公司内的派系斗争确实令人身心疲惫、不开心，那就不要留恋，早点另谋高就吧，此处不宜久留。

董静是个漂亮可人的南方姑娘，学的是新闻传播专业，本科毕业后进入一家颇有知名度的杂志社当编辑，体面的工作、丰厚的薪水一度让身边的朋友羡慕不已。最初，她勤学好问，一直十分卖力地工作，尽管自己是新手，可是在工作业绩方面做得顶呱呱。不知不觉间，她就在这里工作了将近4年。后来，公司进行人事调整，准备从众多编辑中选出一名作为主编。这个消息一传开，问题来了。由于工作性质的原因，董静的部门同事基本上都是女性，表面上大家都和和气气的，可一旦涉及利益问题，原本平静的河流就开始催生出暗涌来。大家对主编职位都虎视眈眈，于是倾尽一切心思去争取，甚至有人互相打压对方来换取上司对自己的赏识。董静不希望看到这种局面，但是也没有办法。她一方面要避免别人在背后打她的小报告，一方面要尽量不让别人抓住她的小辫子。复杂的人际关系压得董静喘不过气来。她也希望能得到这个职位，只是在学历上比别人稍微差了点（有几个同事都是研究生学历），但论业绩她完全有资格。现在每天听着含沙射影的话，周旋于同事间的较量，董静觉得自己快崩溃了，甚至还考虑过辞职。未来的路，她真的不知该怎么走。

董静是个勤奋努力的员工，也是个工作业绩不菲的员工。在竞争主编的职位上，尽管她内心很希望竞争到这个职位，但在复杂的人际关系面前，她犹豫了。这就是职场上的“人际关系壁垒”。

无论你是新员工还是老员工，“人际关系壁垒”常常会成为左右你前进的绊脚石。如果不能踢走这块石头，就等于给自己的职业道路设置了一个无法逾越的难关。其实，人际关系壁垒并非不可逾越，每一个人都有自己的交际圈，也有自己处事的原则和策略。在职场上，人际关系虽然复杂，但也是有章可循的，只要自己善于分析、善于观察，还是可以找到融洽人际关系的法则。即使最后不能获得圆满结局，也不至于在复杂的人际关系中让自己受伤。所以，在面对同事间无休止的钩心斗角时，不要退缩，不要把自己整得灰头土脸，也不要置之不理，像个局外人袖手旁观，而要采取一种中庸的策略，既保全自己，也不伤害别人。

怎样才能搞好你的职场人际关系？谨记：

1. 对上司——尊重与磨合。不要轻视你的任何一位上司（包括部门主管、项目经理、管理代表），不要以为他们某些地方还不如你。其实，你仔细观察和分析就会发现，他们干到这个职位上，肯定有某些过人之处。他们丰富的工作经验和待人处世方略，都是值得我们学习借鉴的，我们应该尊重他们精彩的过去和骄人的业绩。但每一个上司都不是完美的，他们也会犯错。对上司投其所好、百依百顺甚至是“阳奉阴违”的人并不能成为上司眼中的红人；而总是与上司对着干，与上司唱对台戏，也会使领导反感。因此，对上司既要尊重，也要磨合。记住，给上司提意见要就事论事，要采取尊重的态度，磨合的诚意，这样才能让上司心悦诚服地接纳你的观点。不过，在提出质疑和意见前，一定要拿出详细的足以说服对方的资料和计划。

2. 对同事——理解与合作。与同事相处如何说明了你的群众基础如何，也是你能否成为人才的重要条件。

与同事相处要有理解的态度，抱着合作的诚意。在发生误解和争执的时候，一定要换个角度、站在对方的立场上为人家想想，理解一下人家的处境，千万别情绪化，一时冲动把人家的隐私抖了出来。要知道，背后议论和指桑骂槐只能自贬形象，让人觉得你不可理喻。

不管与同事关系如何，你对他们有无个人成见，都不要将其带到工作中，而要始终保持一种合作的态度。当然，合作是为了工作，而不是为了拉帮结派。

3. 对下属——帮助与聆听。带领下属，最忌讳的就是高高在上，不可一世。要知道，在工作中，只有职位上的差异，没有人格上的高低之分。在员工及下属面前，我们只是一个领头带班而已，没有什么了不得的荣耀和得意之处。帮助下属其实是帮助自己。一个聪明的上级懂得通过尊重激励下属的士气，发挥他们的积极性。同时，也要有一颗宽容的心，不要不允许他们犯错。世人没有不犯错的，关键是犯了错之后的态度如何。如果你能先表现出大度的态度，他们也会有所收敛。

选择合适的沟通方式也很重要，稍一不慎就可能招致敌意和抵触。而聆听更能体味到下属的心境，了解工作中的实情，为准确反馈信息、调整管理方式提供了翔实的依据。一家著名公司负责人曾说：“当管理者与下属发生争执时，如果不耐心聆听，还打断下属的解释，那么，多半下属会有人格上的受辱之感，而接下来辞职就成了必然。”

4. 对竞争对手——谨慎与双赢。在这个世界上，竞争就意味着一方打败另一方。但一方失败并不能代表另一方的胜利，有时候的胜利也是一种失败。所以，只有双赢才是竞争的最佳目标。

面对竞争，许多人四处设防，更有甚者，还会在背后冷不防地“插上一刀踩上一脚”。这种极端只会加大彼此间的隔阂，制造紧张气氛，对工作无疑是百害无益。其实，胜利只是一时的，当你超越对手时，没必要蔑视人家。如果你能怀有谦虚的心态与别人相处，就可以收获人气，也让对手领略你的不凡气度。如果你小肚鸡肠，百般计较，只能让别人觉得你心胸狭窄。所以，要学会与竞争对手谨慎合作，达到双赢。

学会忍辱负重

作为下属，在工作中出现差错而被领导批评似乎早已司空见惯，有的人能坦然接受，意识到自己的失误，进而寻找方法改正，争取下次不再犯同样的错误。但也有人不服气，认为自己没错，或者对领导的批评方式很反感，就是故意不去改正，甚至故意跟领导对着干，顶撞领导。

美国成功学大师戴尔·卡耐基指出，任何言辞激烈的教训、指责，都会使人感到伤了自尊而处于自我防卫状态，并且往往会激起他极大的反感，促使他竭力为自己辩解。可以说，闻过则喜者少。“喜表扬，恶批评”是一种普遍存在的心理现象。

但是，尽管如此，作为下属也要尽力去接受这种现状，因为领导就是领导，这种现状是无法改变的。别人的态度和言辞也许不适合自己，但也要努力去接受。我们无法左右他人的言行，但却可以控制自我的内心。你所能做的就是保持一个平和的心态，以宽容和谅解的态度对待批评和指责。聪明的员工把领导的批评当梯子，在忍辱负重之中慢慢向上爬行。只有愚笨的员工才拿自尊和前途跟领导较劲。

某公司人力资源部经理说：“我们挑选人才时，常常会问他在上一家公司是否曾受到过领导的批评，他是如何对待的。如果有人回答‘我会跟他较劲，把这种坏情绪运用到工作中，破坏工作，或者故意将工作搞砸’，可以肯定的是，这样的员工即使能力再强，我们也不会要。”

竭力维护自己的尊严是必需的，但领导指出你工作的失误也是必需的。这是他的职责。而一个做错了事，却不能去评说的人是无法成长的。其实，你要意识到，领导指责你、批评你，就是帮你看到错误所在，让你有一个深刻的认识不再犯错。当然，任何形式的指责都是不愉快的，但大多数领导都是就事论事，很少有人身攻击的行为。哪怕领导会朝你大吼，多数也是由于你不合格的工作结果导致的，领导看到你拙劣的工作发火自然是不可避免的。

李芳是一家文化公司的编辑。她思想活跃，性格活泼开朗，工作中创意百出，在公司的确可以独当一面。又因为是元老级人物，所以老板器重，同事尊重。时间长了，李芳就有点飘飘然起来。

有段时间，因为临时任务需要加班加点，而李芳所在小组因为两名同事请假，他们小组的任务就重了许多。因为公司主管刚刚离职，公司暂时还没找到合适的替代人选，李芳觉得这是个大好机会，主动请缨接下了那两位同事的工作。为了按时交稿，那几天李芳忙得焦头烂额。好不容易大功告成，李芳长舒一口气，觉得这次自己立了大功，主管的位置应该非她莫属了。

果然，在例会上，领导对大家的努力工作进行了表扬，特别对李芳废寝忘食的工作更加赞赏，但是话锋一转，又对大家说：“李芳的工作态度值得大家学习，但是她的工作质量还有待提高，这次审稿过程中，李芳的错误率最高。”听到这话，大家齐刷刷的眼光转向李芳，李芳还没来得及享受成功的喜悦，就被打蒙在那里。

散会后，李芳强忍住泪水来到领导办公室，领导拿出李芳的一些稿子给她看。的确，里面错误不少。李芳急急地争辩："那几天我一个人做三个人的工作，天天加班到深夜，可能是因为太累没看出来，这也不能全怪我吧？再说别人的肯定也有错。"领导看了李芳一眼，就让她拿着稿子回去仔细看一遍再送过来。李芳觉得领导是故意找她的茬就忿忿地走了。

几天之后公司从外面招来了新的主管，李芳的希望落空了。她以为这是老板想卸磨杀驴，专门赶她走。她工作中也没那么积极了，有时候还老和领导顶撞。即使新来的同事遇到问题向她请教，李芳也是一句："不知道，自己想去!"领导对李芳的表现大失所望，批评、不满自然也多了起来。不久，在李芳又一次出错之后，新的主管奉上级的命令直接把李芳辞退了。

工作中出现过失，不管责任在谁，受到批评也不要和领导较劲，要学会忍辱负重。我们知道：优者胜，劣者败；勇者胜，懦者败；谦者胜，骄者败；速者胜，慢者败。应当认识到，只要上级的出发点是好的，是为了工作，为了大局，为了避免不良影响或以免造成更大的损失，哪怕是领导态度生硬一些，言辞过激一些，方式欠妥一些，作为下级，也要适当给予理解和体谅。不去冷静反思、检讨自己的错误，而是一味纠缠于领导的批评方式是否对头，甚至当面顶撞，只会激化矛盾，更加有损于自己的形象。

在公司受到了领导的批评，其滋味肯定不好受，特别是在公众场合。心理素质健康的人能够很快认识到问题所在，振作起精神，进行积极的自我调适，将精力投入到工作当中。但是一些性格内向、自尊心过强、敏感多疑、抗挫能力差的人，会把问题看得过于严重，担心别人会看不起自己，领导今后也会用"有色眼镜"看待自己，觉得前途无望，从此一蹶不振。一旦工作中出现了懈怠情绪，领导就会对此人大失所望。如此恶性循环，自动辞职或被迫离职就是他最后的下场。

也许你的领导并不比你高明，但只要是你的领导，就必须服从他的命令，并且努力去发现那些优越于你的地方，尊敬他，欣赏他，向他学习。你要加强与领导的沟通，让他更多地了解你，进而拉近彼此之间的距离。

如果我们都抱着这样的心态，即使彼此之间有种种隔阂，有许多误解，也会慢慢消解的。

要学会忍辱负重，就要做到：

1. 接受现实。对人生的不完美应采取顺其自然的态度，把更多精力投入到自己能做好的事情上。高质量完成工作任务是与上司建立良好关系的前提，有的人通过消极怠工的方式来反抗领导，这不是明智的做法，反而容易进一步恶化与领导的关系。

2. 主动伸出“橄榄枝”。这是消除与上司之间的隔阂的最好的办法。如果是你错了，就要勇于认错，让领导知道你改正的决心；假若是领导冤枉了你，也不要当场顶撞，更不要将怨气撒到工作中，而要在较为宽松的时候，以婉转的方式，把自己的想法与对方沟通一下，无伤大雅地请求上司宽宏。这样，既可达到沟通目的，又可为他提供一个体面的台阶下。

3. 知错即改。领导最讨厌的是死不认错的员工，明明是自己错了，还要找各种各样的借口。一个聪明的员工懂得及时从错误、失败中汲取教训，及时改正，这样的下属会很快得到领导的谅解和尊重，得到同事的赞许。从心理学的角度来讲，如果一个犯了错误的人痛心疾首、懊悔自责地去承认错误，并且竭尽全力去改正时，很多人都会生恻隐之心，减轻对其错误的谴责，有的还会给予热情的帮助。因此，认错并不是一个让领导反感你的方式，相反，还是一个化被动为主动的方法。

4. 换位思考。站到别人的角度思考问题能让你对问题有一个新的认识。当上级批评你时，如果感到难以接受，这时换个位置，设身处地地从领导的角度考虑一下：如果我是领导，会怎样对待犯了这种错误的下属？可以丧失原则、放任自流、姑息迁就吗？这样一来，往往就会心平气和，就会正视自己的缺点错误了。只是局限于自我的角度考虑问题，常常会感情用事，陷入狭隘、偏执、片面的泥潭难以自拔。实际上，对于许多问题的思考，适时转换思维角度，会进入别有洞天、豁然开朗的境界。

学会维护领导的面子

有这样一个寓言故事：

宠物市场上有个卖鹦鹉的小店，有三只鹦鹉摆放在一起，第一只鹦鹉标价是100元，第二只鹦鹉标价是300元，第三只鹦鹉标价是900元。三只鹦鹉从外形看并无多大差异。有买主不解地问老板："怎么这些鹦鹉的价格相差如此悬殊？"

老板解释说："第一只鹦鹉会说两国语言，第二只鹦鹉则会说四国语言，而第三只鹦鹉嘛，却一门语言都不会。"此话一说完，买主越发奇怪了，问道："一般而言本领越大，会的语言越多，才越有价值啊，为什么第三只一门语言都不会，而且长得又老又丑，却能卖到这么高的价钱呢？"

老板笑着说："因为另外两只鹦鹉叫这只鹦鹉为'老板'。"

这就是老板的价值所在，是老板就会有不同于别人的价值。这则故事中的第三只鹦鹉的价格就是它作为老板不同于其他鹦鹉的标签，这个标签就是老板的"面子"。

面子就是老板的尊严，是他的权威。常人都有面子，更何况作为领军人物的老板呢？

学会尊重老板，给老板面子，实际上体现的是一种对集体的认可度，也可以理解为忠诚度，它是企业文化的重要组成部分。老板既是公司的所有者，又是企业核心价值和企业经营理念的人格化体现。老板的形象和人格力量是企业不可缺少的资源，是一笔不可忽视的无形资产。比尔·盖茨几乎就等同于"微软"；松下幸之助是"松下"的灵魂；而韦尔奇简直就是"通用"的第二商标。

所以，维护老板的面子不仅关乎老板的尊严，更关乎企业的形象。维护老板的面子是件不可忽视的大事，当你给老板提建议或指出老板的失误时，要注意维护老板的面子问题。

有些人在向领导提出意见或建议时，由于所用方式不对，所选场合不对，多用口气或言辞过激，使领导十分难堪，下不来台。要知道，如果下级的意见使领导感到难堪，即便他是出于善意的愿望，即便他的确是对事不对人，但其结果都会使领导的威信受到损害，自尊受到伤害。而威信受到损害，便会使权力的行使受到损害，因为权力必须以有效的服从为前提。没有服从，权力便空有其名；而自尊受到伤害是最伤人感情的。

闵洁是一名聪慧、利落的文案策划员，在公司深得上司赏识。可最近因为一个策划方案让她颜面尽失，她在上司心目中的地位也一落千丈。

事情是这样的：以前做策划方案都是上司提几个要求，剩下的全部由闵洁单独完成，而且每次都获得圆满成功，而这次上司先提出策划思路，让闵洁按照他的思路做一个方案。上司告诉她，客户是当地一家大型房地产公司，这个客户对公司发展很重要。闵洁心里泛起了嘀咕："难道是上司对自己不够放心？不相信自己的能力？"在策划过程中，她发现上司的思路有一个很大的错误，如果按照那个思路做策划方案，肯定会遭到客户的拒绝。

于是，闵洁又找到上司。当时公司的领导正在开会，但她想也没想就当着众人直接否定了上司："你的思路根本不对……"闵洁一开口就震惊全场，让上司感到很没面子。上司把方案给了别人做。尽管最终的策划方案的确不是上司预先的思路，但后来接手那个策划方案的同事没有像她那样直接顶撞上司，而是私下同上司做了交流，上司细心听取了她的意见，主动改正了原有的思路，最后皆大欢喜。

上司的面子不容亵渎，尊严不容侵犯。有的人在做事的时候没有意识到这点，结果使得自己和上司都陷入尴尬的境地。聪明的人懂得在上司理亏时要给他留下台阶；当众纠正上司是万万不可的，更别提嘲笑了。下属最不应该做的事就是当众让领导丢面子或事后对同事谈论领导的错误，用嘲弄的口吻让流言四散传播，并用贬损领导的话来证明自己的聪明和睿智。

老板无论如何都是老板，不要意气用事，损害了老板的尊严，要让自己懂得糊涂，懂得退让，给老板留点面子，留点自尊，学会服从，不去争辩与批判。这不是随声附和，而是一种服从的艺术。

给上司留面子，其实就等于给自己留下了充分的余地。下属可以利用这个余地同领导在私下里进行更为深入的交流和探讨。留有余地还会使下属能够做到进退自如，一旦提出的意见并不确切或并不恰当，还有替自己找回面子的余地。

采取适当的方法纠正领导的错误，同时维护领导的尊严和权威，这是一种高超的学问，也是一种做人的美德。

时刻维护老板的尊严，懂得忍耐，懂得宽容，得意时不忘形，失落时不抱怨、不争辩，任何时候都保持一颗豁达乐观的心，这样才能在工作中避免陷入与老板的纠纷之中，才能与老板保持良好的关系。

不管老板是一个怎样的人，都要在平时注意上下级别。不管老板对你多么欣赏，都不要越级，都要时刻维护老板的权威，因为老板毕竟是老板。切记以下要诀：

1. 对领导先尊重后磨合。要清楚，工作中出现失误，如何尽力完善、改进才是最终目的。所以，不要纠葛于上司的失误如何可笑，而要琢磨如何让上司心悦诚服地接纳你的观点。在尊重的氛围里，有礼有节有分寸地磨合。不过，你在提出质疑和意见前，一定要拿出详细的足以说服对方的观点。

2. 对领导无关痛痒的差错要装聋作哑。如果领导说错了话，不管在什么场合，这些错话并不影响到公司和你的利益时，你尽可以采取装聋作哑的方法，就当这是上司偶尔开的一个小玩笑，你自己在心里笑笑就行了，千万不要堂而皇之地拿到桌面上给大家展示。

当然，你也可以做出一头雾水、不明究竟的困顿表情，要求领导作更清楚的说明与解释。这其实是在提醒领导纠正自己说错的话。这也可以说是给领导架一个梯子或提一个醒。

3. 也可以适时地幽默一下。如果领导说错话是在只有“自家人”没有“外人”的场合，你也可以巧妙地将错话突出出来，加以夸张放大，然后开一个玩笑，这样，也能幽领导一默。幽默谁都喜欢，也能调解紧张的氛围，还能拉近人与人之间的距离。但是一定要看准场合和领导的情绪，要避免踩上地雷和触上“霉头”，不然，可要自讨没趣了。

办公室里不搞小帮派

俗话说“物以类聚，人以群分”，有人的地方就有团体，对办公室这个“小社会”来说，关键就是团体的性质。

我们和工作伙伴在一起的时间甚至超过了与亲人朋友在一起的时间。如果遇见志趣相投的人，大家经常在一起交流工作，谈谈家庭，发展一下个人爱好，不仅有利于缓解紧张的工作压力，还可以增进同事之间的默契度，对自己的工作也有促进。但是，如果办公室里的“友谊”发展到了帮派的性质，搅得团队矛盾重重，就会严重影响工作。更有甚者，有些人在一起是为了权和利的交易，这些人已经丧失了职业道德，对自己的前途有百害而无一利。

张峰在一家公司上班一年了，带领他们的主管有着丰富的管理经验，经常跟他们强调一个优秀团队对企业发展的重要性。之前一直是风平浪静的，直到来了一位新成员打破了这种平静。

事情是这样的，公司在一次内部招聘中招进来一位女职员，据说是老总的亲戚。此人长得漂亮，能说会道，不仅业务能力不错，交际能力更胜一筹。

这位女职员刚来没有几天，就和几个平时比较活跃的女员工打成一片。张峰看她一会儿教一个同事怎么打扮，一会儿批评一个同事的穿着怎么不合适，一会儿帮一个同事网上代购价廉物美的化妆品，一会儿笑话另一个同事化妆品不上档次。只要女人生活领域里的事，她都有两下子。

刚开始的时候，张峰还挺看好这个女孩的，觉得她乐于助人，颇有领袖气质。在她的影响下，办公室的气氛比以前活跃了很多。可是好景不长，张峰发现在部门里出现了细微的变化，女职员自动分成了两大帮派，一派拥护佩服她，另一派侧目相视，对她敬而远之，甚至厌恶。

张峰感觉在这个女孩身上要出事，因为她经常对另一派的业务能力指手画脚，批评找茬。作为一个有责任心的老员工，张峰提醒这位女职员注意自己的行为，但是对方并不领情。有一天，她竟然带领“粉丝”公然挑衅另一派，搅得整个团队不得安宁，吵了好几次架。两派的对立明目张胆，已经严重影响了工作。

张峰知道，这位女职员在公司的日子也不长了。但是出乎他意料的是，主管竟然把女职员举荐给了上一级的领导。部门又恢复了往日的宁静。后来张峰得知，那女孩“升职”后没有多长时间就又“跳槽”走了，他才明白主管的良苦用心。

对于拉帮结派的现象，任何公司都是不允许的，因为这是一种破坏性的行为。帮派的存在会给彼此的工作带来很大的障碍，同事之间的矛盾会越来越深。最终的结果是伤了彼此的感情，工作上互相拆台，给公司造成严重损失。作为职场中挑起帮派祸端的人，他的最终下场就是离开，因为哪里都不欢迎搞破坏的人。

作为职场中的聪明人，你应该保持独立的立场，平时在办公室不要议论和公司有关的任何事情。一些人一些事你满意也好，不满意也罢，都不要去议论，要学会保持沉默。要是有人在你面前说某人坏话，你只微笑，不要发表观点。尽最大努力去理解那些不喜欢你的人，不要和“志同道合”的人一起来对抗别人。坚持在背后说别人好话，广结善缘。

同事之间有时为了共同利益形成一定的帮派团体，各帮派之间的冲突在单位里会因为各种事情而爆发出来，并且常常会闹得不可开交。当我们面对帮派争斗无能为力的时候，我们能做到的就是要防范自己被卷入帮派争斗中去。

由于工作的关系，我们不可能远离是非之地，那么，当帮派间的战斗打响之后，我们该如何应对呢？

1. 要远离争执现场。当帮派之间较量的时候，要找一个合适的机会悄悄地走掉。惹不起，但是躲得起。

2. 只要是跟帮派有关的事情都要谨慎对之，要有正确分析判断的能力。要学会全面权衡利弊，三思而后行，做到明哲保身。

3. 要“糊涂”对待帮派的存在和争斗，就当自己是个反应迟钝的人。不打听帮派之间的关系，不过问他们的矛盾，不理会他们的争论，对任何一方都不予评价。工作之余，要减少和同事之间的社会活动。

4. 对帮派的任何一方都不偏不倚，保持一种等距离“外交关系”。说白了，就是一种中立的态度，但这种态度的前提是你要使自己掌握主动权。要让双方都认识到，你不加入对他们也没有威胁，加入的话会增加他们的力量。主动权始终在自己的手中，可以随时调整自己的“外交”策略，从而使得自己的利益受到最大限度的保护。

5. 千万不要做墙头草。今天帮这一派说话，明天为那一派做事。当帮派中的任何一方知道你对他们“不忠”时，都会将你孤立起来，让你成为办公室的“孤家寡人”。

乐于助人

在我们身边，热心肠的人总是受到大家的欢迎，因为他们总能在别人需要的时候伸出热情的双手，送出温暖的话语。一个小小的举手之劳、一句表示理解的贴心话，都能让我们皱起的眉头舒展开来，帮我们走出困境。身处麻烦和困难中的人接受别人一个很小的帮助也会非常感激。他们会说：“在困难中得到了你的帮助，我将永远不会忘记你。”

在公司里，每个人各有所长，各有所短，可能你这方面的能力好一点，别人另一方面就会擅长一些。每个人都会有知识和能力上的盲点，在工作上需要大家一起配合才能完成一项工作，一个“只扫自家门前雪，莫管他人瓦上霜”，把帮助别人看做是“自找麻烦”、“自讨苦吃”的人是不会有朋友的。不管你是一个什么样的人，都不可能不需要别人的帮助。做人的互助原则是：你在关键时刻帮人一把，别人也会在重要时候助你一臂。初看起来这似乎是等价交换，其实是人与人之间，沟通交流、增进了解、促进合作的方式。在你收获友谊的同时就是你拓展人脉的过程。因为你那热情的眼神、温暖的大手、善良的心会迎来“滴水之恩，当涌泉相报”的感激。所以，不要小视同事间的互相帮助，它是你能够在同事中间拥有好人缘的武器，和谐的同事关系会让你每天生活在阳光下。

阿平是一个很热心的人，在家里，街坊邻居很喜欢他，上学的时候，同学们有什么事情总是爱找他帮忙，即使现在毕业已经很多年了，同学们联系最多的人也是他。阿平帮助人从来不要求回报，他认为只要自己能做到，一点举手之劳算不得什么。

这种好的品格在职场上也给了他很大的帮助，他总是帮助同事们做一些事情，深受同事们的喜欢，大家戏称他为“及时雨”。有同事的客户来拜访，看到朋友正在忙，他就主动帮助泡茶招待，陪客人聊天。要是来了新同事，他会主动和对方说话，引导他们尽快熟悉新环境。午餐的时候因为公司的人出去吃饭，总能听到阿平的那句话：“谁要带饭啊？”看到有同事情绪低落，就很体谅地和对方多说话，想法逗其高兴起来。所以，同事们遇到麻烦事，不管是工作上的还是生活上的，不愿意跟别人说，都愿意和阿平交流，因为从他那里总是能听到一些很好的建议。同事们都认为阿平是一个值得信任的人。

一次，同事小孙因为操作失误导致工作出现了很大的漏洞，小孙都快要哭出来了，阿平看见了，就问他怎么回事，最后在阿平的协助下，事情得以解决，为公司挽回了很大的损失。老板知道了这件事，对阿平的评价很高，并对他寄予了很大的期望。

帮助别人本身就是帮助自己。阿平就是在帮助别人的时候让老板看到了自己的人品和能力。有一句话这样说："送人玫瑰，手留余香。"何况是用真诚来帮助别人。当你付出真诚的时候，你不但收获到了反馈的真诚友谊，而且在困难的时候也有人能拉一把。

所以，用你的善良和真诚在力所能及的范围内帮助你的同事：对新来的同事多一点帮助；对资质比自己差的同事多一点耐心；给对你有敌意的同事一次小小的鼓励；对出于困境中的同事伸手拉一把……你的付出不会付诸东流的。在职场中经常帮助同事，自然就会得到同事们的感谢，一个处处热心帮助别人的人在哪里都是受人欢迎的。帮别人于困难中，不仅锻炼了自己解决问题的能力，还能得到大家的喜爱，拥有融洽的人际关系，是一件有百益而无一害的事情。

在帮助人的过程中，积极健康的助人心态很重要。什么是积极健康的助人心态？积极健康的助人心态是诚心诚意、雪中送炭、不图回报，不是装腔作势、隔靴搔痒、期待报答。如果帮助人后，因为没有得到回报而心理不平衡，这对人际交往是很有害的。其实，你不用处心积虑想要回报，回报自然会来。只有带着积极健康的心态去帮助同事，才能营造健康持久的融洽的人际关系。

我们在帮助别人的时候，还要注意做到恰到好处，关键要及时，雪中送炭比锦上添花好。在帮助别人的时候，我们要观察当事人的意愿，不要做吃力不讨好的事。

此外，还要把握好一个度，不要让自己的好心在同事眼里变成了理所当然的事情，那样会加重自己的工作负担。

帮助人也要有自己的原则，对公司有危害的事情不要帮，同事自己犯了错误，因为有难处而央求你替他承担的事情不要做。

懂得求同存异

在工作中我们会遇到不同的同事，他们有着不同的性格，不同的做事方式、品性和能力，面对同一个问题，每个人都有不同的看法和做法，那么，意见不统一甚至产生矛盾就在所难免。因为每个人的成长背景不尽相同，人生观和价值观大部分都不一样，所以我们的想法不一定每个人都能理解支持，我们也不可能接受每个人的观点。有句话说得好，一百个观众就有一百个哈姆雷特，说的就是这个道理。

与同事产生分歧或矛盾，不要自寻烦恼，认为是别人故意和你过不去，或者是去怀疑自己，认为是自己的错误。面对不能理解的事情或者是做法，我们可以不认同，但不必太计较。对于别人不同于自己的观点，也没必要非争个孰是孰非来。互相尊重，求同存异，才是同事相处之道，也是合作的基础和成功的保障。

小熊能言善辩的口才在大学时候就显露了出来。他担任大学辩论协会主席，代表班级参加辩论赛，经常是辩论场上的首辩。同学们都很佩服他的辩论天赋，他对自己的优势也深以为荣。

小熊在课堂上喜欢和老师就某个问题激烈争辩，老师很喜欢他，认为他是个有独特思想的学生。在宿舍，同学们不经意的一句话就能引发他的长篇大论，他常常一开口就让对方哑口无言。大家都了解他这个特点，所以以后基本上他一开口，大家就打趣说："事实胜于'熊'辩。"

同学们都认为，小熊凭自己的口才，在以后的工作中肯定会发挥得更好。大学毕业已经很多年了，大家都想着他一定升官发财了，结果在一次同学聚会上，大家才知道根本不是那么回事。小熊还和刚毕业时差不多，虽然换了几家公司，但是也没有什么大的起色。

于是，大家七嘴八舌地讨论起来，帮助小熊分析问题的原因所在。最后，大家得出了这样一个结论：工作中，他总是喜欢争个谁对谁错，而且无论别人说什么或者做什么，总要指出别人不正确或是不符合情况的地方。

他仔细对照过去发生的一些事，感觉同学们说得真是太对了，自己太执著于和对方争论对错，往往会把对方惹恼，把事情搞砸。他回想起有几次还把领导“辩”得不好下台，而在当时他觉得自己是为了公司好，还拿直言敢谏的魏徵自比呢。

最后，同学们给他出了一招：学会求同存异。同学们告诫小熊，以后不要再在一些小事上和别人争论不休，有时候争论的意义不在于非要有一个明确的结果，只要你能把自己的想法清晰地表达出来，接受与否就不要计较太多。听到“和谐的音符”要虚心接受，听到对立的观点也不要像大学时的辩论赛似的，不把对方驳倒誓不罢休，要尊重别人的意见，学会在不同的声音里求同存异。

不可否认，像小熊这样的人领导不重用，同事不喜欢。企业用人，目的是把事情做成、做好，而不是争论谁的观点正确或比赛谁的辩术高超。我们是在保证原则的基础上，寻找共同点，以达到促进和维护存在不同观点的个体和团体之间团结和协作的成功。人与人之间，小组与小组之间，企业与企业之间，有多少分歧和矛盾不要紧，只要我们肯挖掘双方的共同点，愿意求同存异，或者说愿意异中求同，才能有更多的合作，才可能有更多的成功机会。

如果我们只坚持自己的想法和利益，不听一听别人的意见，就容易产生矛盾，导致难以达成合作。没有合作就没有成功。我们要想在事业上有所作为，就得有一个融洽的同事关系。面对矛盾、不理解、不被支持，都不要太在意，要正确看待这些“不和谐的音符”。不要把别人的不理解看成是对自己的敌意，他们也许是就事论事，有自己的想法也很正常。只有减少和同事之间的摩擦，互相之间营造一个和谐的关系，才能使工作进行得顺风顺水。

在与同事、领导的日常接触中，不仅仅是不认同对方的观点那么简单。你可能会对别人为人处世的方式感觉不满；或者讨厌别人的穿着打扮，觉得没品位；或者不喜欢别人的生活方式，认为没有自己的生活质量高等等。在知道了人际交往中求同存异的重要性后，就要改变自己的心态，注意自己的言行。要知道，每个个体都有特殊性，因其特殊才成就每个人的特质。

我们要的是求同存异，但“求同”不仅仅是停留在别人和我们的想法一致上，更高一层次的是，能从别人的“异”中吸取养料来壮大自己。也许别人的做法和我们不一样，但是也可能是事情的另外一种解决方法，这就需要我们虚心学习。不要做唯我独尊、骄傲自满的人，这样的人是不会进步的。即使你不喜欢一位同事或老板，你仍要从他的意见、观点当中学习。如果发现了他的优点，你也应该及时称赞。

如果别人的做法我们实在是不能认同，也不想委屈自己接受，则最好不要和对方一决高下去争论，要学会理解，要学会听之任之。就让时间来检验吧，不需要我们浪费精力。但是，不争论不代表接受，对于错误的主张和做法，要毫不犹豫地摒弃。

第三章

别让坏情绪影响你的工作心情

高情商最典型的表现就是善于控制情绪。你的情商如果足够高，不管你在职场中遇到如何烦心、恼人的事情，你都不会让坏情绪影响自己的工作。

不良情绪的危害绝不亚于一次疾病带给自己的烦恼，所以，善于控制情绪的人是当之无愧的职场高手。这样的人是笑傲职场的“令狐冲”，他总能怀着一颗感恩之心对待周围的人和事，从不怨声载道，唉声叹气；他善于隐藏自己的喜怒哀乐，不轻易向人发火，即使遇到坏局面，他也会宽慰自己，不去计较；遇到失意之事，愤懑之事，他也不会闷闷地生气，而是告诫自己，强大自己；他工作的时候懂得让自己的心情保持乐观向上，不去思考不愉快的事，不去计较已经发生的事；每当不快的事发生时，他都能及时找到消除焦虑的方法。

控制好自己的情绪，难关总会闯过去。闯过难关，迎接你的又是一个灿烂的艳阳天。

坏情绪如同“定时炸弹”

在公司里，我们常会看到这样一些人：一旦生活中遇到点困难或事业上受点挫折，就在工作中表现出来。不是向同事大发牢骚，就是把周围人当成出气筒，抑或整日挂着一副苦瓜脸，仿佛所有的人都亏待了他，对同事发泄情绪也是理所当然。如果真的这样做，那就选错了场合和对象。

公司是我们工作的场所，不是随意发泄情绪的出气筒。一个成功的职业人要学会分清职场和家的区别，不要把什么都带到职场中来处理，特别是坏情绪。

黑泽明曾说：“情绪失控的人，不能对事物有更全面更准确的认识，也不能理智地面对生活中的种种考验。要想掌握自己的命运，赢得成功人生，一定要学会控制自己的情绪。”

情绪是一种十分强而有力的力量。好心情能够激励你实现自己的理想，克服创伤，坏情绪也会让你因为一次小挫败而从此一蹶不振，丧失了前进和奋斗的力量。坏情绪“副作用”很强大，它如同感冒，表面上只是一点小问题，但如果你的“抵抗力”不够，并发症便会接连不断，让你的职业生涯顿时险象环生。

在变幻莫测的职场中难免会出现一些烦恼与忧愁。比如工作中受点挫折、人际关系遇到点麻烦、生活中有些不顺心的事、健康出了点问题等，这些事情都会或多或少影响到一个人的情绪，但切不可把这种状态带到工作中来，否则会严重影响到自己的事业。坏情绪是前程上的“定时炸弹”，随时会有“炸掉”你的危险。

好多公司的员工守则上都会有这一条：“不要把你的情绪带到工作中

来。”因为情绪会直接影响到一个人，甚至是一个群体的工作效率。良好的情绪会让人感到你信心十足、朝气蓬勃，进而感染到你周围的同事，共同迸发出工作能量；而坏情绪则会让人感到你缺乏自信、处世消极，而且这种消极情绪一旦蔓延开来，就会不知不觉间影响周围同事的工作，使许多人受到影响而消减工作热情，这时，上司也会对你另眼相看。试想，有哪个上司会容忍身边有着一个整日唉声叹气、吊着一副“苦瓜脸”的下属呢？所以，要想事业有成，就必须学会控制情绪，避免让坏情绪影响到自己的事业。

张雨是一家文化传播公司的资深策划文案，由他策划出来的广告、图书及各类娱乐活动的方案都创意百出，深得老板和客户的喜爱。由此，张雨被同事尊称为“金点子”。

一次，他们公司接了一份利润颇丰的业务——为一家刚进入中国市场的大型卖场策划开业宣传活动。因为张雨的业务能力出类拔萃，公司就把这个重担交给了他。

那家大型卖场因为刚刚打进中国市场，有着千头万绪的麻烦问题。尽管这样，张雨和他的助手还是费尽心思策划一个又一个方案，眼看离开业时间越来越近，可策划创意在对方的手里改了又改，始终没法定下来。厌倦了进展缓慢的电话沟通后，张雨决定带着助手，直接拜访对方的负责人，打算面对面沟通，攻下“最后一关”。但他万万没想到，这次例行的拜访却让他碰了一鼻子灰。对方负责人在约定的时间没和张雨打任何招呼竟然外出应酬了，这一等就是两小时。待到那个负责人酒足饭饱剔着牙回来时，张雨早忍着一肚子气强忍不满坐下商讨，对方又提出一处提议需要大的改动时，张雨的怒火再也按捺不住了……订单最终“流产”。

聪明的人会适时掌控自己的情绪，不让情绪成为自己前途的绊脚石。愚笨的人无法掌控情绪的钥匙，总是任情绪掌握自己的命运。就像案例中的张雨一样，心浮气躁间，逐渐堆砌的不满终于爆发，也由此导致他的职场“滑铁卢”。他感受到的不是宣泄后的酣畅淋漓，而是失败后的头痛欲裂。

巴尔塔萨·格拉西安说："首先控制你自己，然后你才能控制别人。"控制自我的情绪不是一件非常容易的事。气愤当头时，很少有人能控制自己的情绪，有的人破口大骂，有的人放声大哭，有的人动手打人，有的人操刀杀人……对于外界的刺激，如不是刻意修炼过，你很难控制自己的情绪。若能真的做到这一点，你就可以减少很多不必要的麻烦。

我们常有这样的感觉，在职场中，一个坏的开端，常如平地踩空一步，然后身体失去平衡，从"一招错"到"招招错"。反观身边种种坏情绪造成的失利局面，我们就会发现，使问题一步步变糟的原因并非是客观因素。恰恰相反，是因为围困于坏情绪中无法自拔，太过在意，而使自己乱了原本美丽的舞步。

坏情绪是我们前进中的"定时炸弹"，如果不能及时拆除，就会给自己的前途带来极大的危害，甚至让自己粉身碎骨。因此，我们要学着克制坏情绪。方法如下：

1. 学会发泄。心情不好时别抑制自己，该发泄时就发泄，工作过程中可以躲在卫生间哭上几声，或拍打一下墙壁，跺跺脚……任其"疯狂"几分钟，你的心情会变得好起来。

2. 学会倾诉。当坏情绪涌上心头时，不妨先做做深呼吸，伸伸懒腰，之后找好朋友倾诉或者给朋友打一个电话随便聊聊，这样坏心情也会在不知不觉中被化解。

3. 学会假装。心理研究发现：如果一个人老是想象自己进入某种情境，感受某种情绪，这种情绪就十有八九真的会到来。装出好心情会让你的坏情绪在不觉间悄悄溜走。一个人在抑郁的时候可以多回忆愉快的时光，还可以用微笑来激励自己，要尽量多想快乐的事情。高声朗读也会有所帮助，只是读书时要有表情，还要选择振奋精神的读物。

4. 迅速进入工作角色。不愉快时，不妨迅速进入工作角色以忘掉烦恼。实在不能投入工作，就去帮同事的忙，烦心事很快会被你的事务繁忙冲掉。

5. 转移注意力。当你因某事烦恼时，最好努力使自己暂时忘记它，转移注意力，或者干脆暂时放下手上的一切，舒缓一下紧绷的心情。如你可以花些时间，到公园或街上走一走，驱散心中的烦闷……

6. 听听喜欢的音乐。音乐是心灵的阳台。很多资料表明，音乐能改变人的情绪。轻松、欢快的音乐总能带我们到快乐老家，不管心情有多坏，只要听一下自己喜欢的曲子，你就会感受到你那愉快的心跳。当然，当你放声高唱出来，你的心情会变得更好。

想想“令狐冲”

“沧海一声笑，滔滔两岸潮，浮沉随浪只记今朝。苍天笑，纷纷世上潮，谁负谁胜出天知晓。江山笑，烟雨遥，涛浪淘尽红尘俗事几多骄。苍生笑，不再寂寥，豪情仍在痴痴笑笑……”

当这首熟悉的《沧海一声笑》再次响彻耳边时，你是什么样的感觉呢？想必你的脑海中又浮现出豪荡不羁的令狐冲笑傲江湖的英侠形象了吧！

其实，职场就如江湖，充满了各种纷杂烦扰。当我们遇到一些导致自己心情不痛快的事时，如果我们能做到像令狐冲那样洒脱豪放、随意淡然，我们就可以像令狐冲一样笑傲职场江湖。

但是，想要像令狐冲一样笑对一切，又谈何容易？

在公司里，我们常会看到一些人一旦生活中遇到点困难或事业上受点挫折，就在工作中表现出来。不是向同事大发牢骚，就是把周围的人当成出气筒，仿佛所有的人都对不起他。他消极的工作情绪不仅搞得自己很郁闷，也影响到办公室的其他人乃至整个团队的心情，从而影响大家的士气和工作效率，他自己也会为此付出相应的代价。而令狐冲呢，在遇到困难时，我们在他脸上从来看不到抑郁的面容或者气呼呼的表情，相反，依然是一副笑嘻嘻的模样。所以，很多人都喜欢他，喜欢他不被困难和烦恼困扰的好心态。

心理学家认为：学会保持最佳心态，就可以像一条鱼一样自由自在地畅游。身处职场的人们更应该在复杂的环境里使自己时刻处于最佳的情绪之中，这样才能拥有良好的工作情绪，也能让周围的人感受到你的风度，拥有良好的人际关系。

秦亮是一名业务员，一直以令狐冲为楷模，佩服他有笑傲江湖的气魄。所以在工作之初，对于不高兴的事、不痛快的事，他都一一笑傲对之，可是几个月下来，他发现自己越来越无法笑傲了。很多人、很多事都让他窝火。

几天前，他因为一件小事与好友发生了一次激烈的争吵，这几天心情一直都不好。偏巧老板又屡屡将他叫到办公室，说他的工作做得差强人意，对他进行了严厉训斥，这让自尊心极强的他有些无法忍受。又碰巧，一位同事在开会时故意诋毁他，说他不团结，导致工作难以进行云云。秦亮并没有不团结的意思，当即发火与该同事进行对峙，结果搞得会议乌烟瘴气，老板发火甩手离去，留下两个争吵不休的他们。这些事情搞得秦亮两眼冒火，心力交瘁。私下里，他告诉朋友，真想把那个同事揍一顿，然后再辞职不干。

一天，他去联系业务，在和客户谈判时，开始谈得很顺利，后来双方在一个小问题上产生了分歧，本来很容易解决，可是秦亮脑海里总浮现出和朋友闹翻的情景，感觉似乎又回到了与好友发生争吵时的场面中。面对这个与他发生争执的客户，他一时难以克制自己，就把几天的怨气一下子发泄到客户的身上。结果得罪了客户不说，又因此砸了一大单生意，受到了公司的惩罚。

而今，在职场这个江湖里，他越来越觉得难以笑傲了，反之，他觉得自己越来越像固执偏激的“梅超风”了。

秦亮犯了职场人士最容易犯的一个职场大忌：把自己的坏情绪带到了

工作之中。上司重视的是员工的工作成绩，所以别指望他会因为你的情绪不好而格外开恩，能够允许你暂停工作或放慢速度以稳定情绪。同时，也别指望当你把工作弄得一团糟后，他能听得进你“情绪不好惹的祸”的借口。当你情绪不好，又絮絮叨叨，无法释怀，而且影响到自己的工作和他人的心情时，他只有一个想法：连自己的情绪都控制不了，这样的人还能委以重任吗？

要想成为优秀员工，必须学会控制自己的情绪，而不是被情绪所控制。当有了消极情绪时，首先要时刻告诫自己，一定要克服这种不良情绪，无论如何都不能让它影响自己手头上的工作。其次，在工作之余，要努力调整自己，让情绪尽快走出这段危机。

怎样控制自己的情绪？

1. 学会减压，化解紧张。每个人所能承受的压力都有一定的限度，如果压力过大、过久，就会给自己带来一定的负面影响，所以，对于自己的工作中出现的不顺心的事，应该以乐观的心态去对待，不要总是给自己增加压力。

2. 学会倾诉。当感到心情不好时，不妨找自己的好朋友或信得过的人倾诉一下，也可以自己对自己倾诉，这都有很好的释放情绪、缓解心理紧张的作用。有人觉得向别人倾诉自己的苦处是一种懦弱的表现，但事实上，倾诉内心的郁闷是一种科学的心理排遣方式，与懦弱与否没有必然的关系。

3. 多参加运动。繁忙的工作常让人觉得精神紧张，而不得不放弃很多自己喜爱的运动。所以不要忘了多参加运动，特别是户外运动，这是一个很好的放松心情的方法。在经过自然的熏陶后，心胸也会开阔许多。

4. 学会宽容。对别人要有一定的宽容之心，即使达不到期望，也不要过分苛求，让自己的心情能够放松，这也是避免人际冲突的方法之一。同时，如果有乱发脾气的习惯，一定要改掉，要学会克制，要平息自己的怒气，并用抑制下来的精力做一些有意义的事情，即使是微不足道的事情也可以。

怀抱感恩之心

一个懂得感恩的人会是一个快乐的人，因为在他心里盛得满满的爱。一个懂得感恩的人会感谢父母给了他生命和无私的爱；感谢老师给了他知识和看世界的眼睛；感谢朋友给了他友谊和支持；也会感谢伤害他的人磨炼了他的心志。感恩能创造快乐，也只有感恩能延续快乐，时常怀着感恩之心的人肯定是快乐的。

成功学大师安东尼·罗宾说：“成功的第一步就是先存有一颗感恩之心，时时对自己的现状心存感激，同时也要对别人为你所做的一切怀有敬意和感恩之情。”一个由普通职员到在事业上有所建树的成功人士在谈到自己的经验时说：“我在工作中之所以成长这么快，是因为我时常怀着一颗感恩的心去工作，我感谢老板给予我的机会，我感谢同事对我的点滴关怀与帮助。‘滴水之恩，当涌泉相报’，正是这种感恩之心，让我更加努力工作。我要尽最大的努力来回报这一切，没想到，生活却给予我更大的回报。”

感恩能让我们放下心灵的重负，在工作中发现乐趣。怀着感恩之心一步一个脚印地努力工作——对工作带给你的物质和精神的享受要感恩；对企业给予你工作的机会要感恩；对同事给予你的帮助要感恩；对困难和压力带给你的成长要感恩……它能使我们从牢骚、抱怨、消极、抵触、浮躁、痛苦的情绪中解脱出来。感恩会让一个人变得心情愉悦，把工作变成一种快乐的享受，进而每天都充满激情地去工作，不再把精力放在如何推卸责任、如何寻找借口这些事上，从而加倍提高工作效率。

法国某公司有一位年轻的职员，被公司派往日本工作。法国人追求自由、浪漫和轻松的工作氛围，而日本的工作节奏是严谨的、快速的，因此这位法国职员很不喜欢在日本的工作。他向同为法国人的主管抱怨说："这边简直糟糕透顶，我就像一条死海里的鱼，都快窒息了！"

年轻职员的主管在日本工作多年，他能理解年轻人的感受，因为他刚来的时候也很不适应。主管就劝解年轻人道："我教你一招，每天都面带微笑，发自内心地说'我很感激'或者'谢谢你'，至少说40遍。"

年轻人就照着主管的话去做，一开始总说"我很感激"让他很尴尬，他认为周围哪有那么多事情让他去感谢的。可是看到主管每天都能开心地和日本同事相处，他决定试一试。几天下来，他发现自己内心逐渐被感激的情绪占据，心情好了很多，而周围的同事似乎也变得比以前友善了。

渐渐地，他发现日本人并不像他以前听到的和看到的那样拘谨和不解人情，他看到了日本同事可爱的一面，他发现眼下的工作环境并不像自己原来想象的那么糟糕，他开始喜欢在日本工作了。在他回到法国多年之后，他还对在日本工作的愉快经历念念不忘，对在那里学到的东西感激不尽！

学会说感谢是感恩的第一步，感谢一件事能带来很多值得感谢的事情。怀着一颗感恩的心面对工作时，工作不再是痛苦，不再是负担。其实，工作还是那份工作，是感恩之心改变了工作在我们心中的样子。感恩之心使我们对周围的一切都怀有强烈的感激之情，这使我们不仅工作得更加愉快，所获得的帮助也更多，工作也更出色。

我们要对给予我们工作机会的公司心存感恩。正是因为有了工作机会，我们才有了立足社会的资本和实现个人价值的平台；我们的聪明才智才有了萌芽的沃土；我们的人生阅历才得以丰富；我们的能力和才华才有得以施展的机会和空间。尽管每一份工作或每一个工作环境都无法尽善尽美，但是没有工作，我们就没有了一切。所以，对公司给予的一切，我们都要心存感激，并力图回报。

我们也应该感谢那些在工作中给予我们帮助的人，是他们让我们感受到更多的温暖，得到了更快的进步。作为一名员工，从懵懵懂懂的新员工成长为干练的老员工，不仅是自己努力的结果，也离不开同事的协助和支持。想想自己的每次行动，哪一次没有别人的帮助？正是有了同事的理解和支持，还有平时从他们身上学到的知识，才让你有了成才和晋升的机会，对此我们理应感恩。

我们还应感谢那些给自己带来阻力的人，是他们磨炼了我们的意志。给我们的工作带来阻力的因素，其实是一种隐藏在现象背后的帮助。有了阻力，才有了去解决它的机会，我们的能力就在解决一个又一个阻力中得到了提升。有了压力才有了动力。人都是有惰性的，压力会推着你往前走。

所以，为了快乐地工作，为了工作卓有成效，赶紧用感恩的心面对你的工作，面对你的老板，面对你的同事吧！

生闷气不如长志气

我们常说，某人有良好的修养，经常喜怒不形于色，也就是说，这类人有比较好的控制情绪的能力。而有人则很易情绪失控，喜怒无常，说生气就生气！人人都不喜欢爱生气的人，因为这样的人常常弄得他人也不高兴。可职场中偏偏有很多爱生气的人，特别是爱生闷气的人。这些人要么是郁郁不得志之人，长期得不到重用，要么是跟领导较死劲儿的人，斗不过别人，就在心里跟自己较劲。这类人因为知道明目张胆地发火是无修养的行为，将不愉快表现在脸上有时会让别人误解，或者怕被领导看到，或者怕被同事看到。所以，这类人就将气憋在了心里，一个人悄悄地躲在角落里暗自神伤。每天带着压抑的火气工作，还要装作高兴的样子，岂不知这样是在惩罚自己，而不是惩罚任何人。

我们都知道，生气是用别人的错误惩罚自己！生气有很多害处：会破坏人际关系的和谐，也会给自己的身心健康带来危害。而其中，生闷气是危害最大的。

职场是一个小的人际社会，自然也少不了磕磕碰碰，情感的起伏就在所难免。但是，无论如何都不要将生气带入职场。生气会扰乱自己正常的工作和生活，还会让别人觉得自己不可理喻。

人争一口气，佛争一炷香。做人要争气，生闷气不如长志气。一味生气消耗的是自己的精力，却于事无补，倒不如下工夫寻求强大自己的途径，让自己摆脱旧日那个弱小的自我，从而壮大自我力量，修缮自我心灵。如此，才能真正摆脱生闷气的现状，最终扬眉吐气。

所以，工作中受点委屈、吃点苦头没什么，关键是你以怎样的心态去对待。以生闷气的行为去面对，只能让别人认为自己小肚鸡肠，斤斤计较，只能让自己的境况变得更糟。而以长志气的方式去挑战自我，你就可以令身边的同事与老板刮目相看，进而佩服你的勇气，最终你不仅收获了成功，也得到了他人的敬佩。既然如此，何不多长点志气呢？

王芳和李丽是大学同学，毕业后这对好朋友进入同一家公司，工作能力不相上下。后来在一次领导换任过程中，李丽被提拔上去，而王芳除了得到领导几句赞扬外，还是原地踏步。

王芳心里愤愤不平：李丽有什么能耐，我的业务能力比她强多了！为什么提拔她不提拔我？上司真是有眼无珠，不识泰山！从此，王芳不再把工作当回事，整天一脸怨气，满腹牢骚，而且开始消极怠工，得过且过。她的业绩逐步下滑，几个月之后，她就像换了一个人似的。上司本来想把她提拔到另一个领导岗位，可看到王芳这个样子非常失望。

在辞退她之前，上司把王芳叫到办公室，告诉她："上次我们没有提拔你，不是因为你不优秀，而是想把你提拔到另一个位置，因为在那个位置担任领导的章颇下月底才走，你只能在她走之后上任，可是你的表现太令我失望了！生闷气不如长志气，如果这次我们没打算提拔你，说明你身上还有些不足的地方需要改进。你应该用更积极的情绪来对待工作，而你却带着不满的情绪工作，这样情绪化的人怎么能担任领导职务呢？所以生气只能断送掉你的前程。我希望你能从此吸取教训。当对领导不满时，要试图寻求一种积极的态度去处理问题，要体现出你对工作认真负责的态度，用行动证明老板的认识是错误的，而不是用生气来惩罚自己……”

听了上司这席话，王芳羞愧地低下了头。

李嘉诚年少给人做学徒，也曾受尽委屈，但他不服输，凭借自己的勤奋，14 岁开始经商，历经坎坷，造就了自己的商业帝国，他给自己争了气；柳传志也曾生过闷气，但他凭借着一股勇于挑战、不服输的韧劲，缔造了联想集团，他给自己争了气；王永庆同样生过闷气，但他凭借着自己善于吃苦的能力，绘就了自己跳跃式的人生轨迹，他给自己争了气；比尔·盖茨当年也曾生过闷气，但他顶着父母强大的压力退出名校哈佛大学，自己开起了公司，成了全球首富，他为自己争了气。

做人要争气，一个敢于争气的人，一切皆有可能。

生气无益，如果我们希望生活平静而又快乐，又何必为那些不愉快的事去糟蹋生活折磨自己呢？如果一个人能始终牢记自己的理想志向，以积极的人生态度和豁达开朗的心胸去面对未来，烦恼就会越来越少，生活就会充满了笑声。

其实，在我们的工作中，同事之间、领导之间，难免会有冲突或不愉快的事发生，如不懂得自控，冲突愈演愈烈，不仅会影响工作、伤害感情，而且自己的形象在他人心中也会大打折扣。所以，即使自己是对的，也要选择合理的途径解决，不要带着情绪去处理问题。

谁都希望自己是个幸运的人，得到提拔、加薪、重用的机会，可是幸运只降临在少数人的头上。如果幸运暂时没有降临，也不要生气，而要多修炼自己，立志为自己争气。这其中，理性的思考，平和的心态，积极的自励，处世的心机，都是平息怒火、变生闷气为长志气的法宝。

以下是两则忠告：

1. 学会排遣烦恼。一般来说，生闷气都有一定的情景和缘由，再加上自己又不能及时地从生气的情景和思考中摆脱出来，这样就加剧了心绪的恶化。在生气时，如果能够转移自己的注意力，把心思集中到自己感兴趣的工作、学习或娱乐中去，那么，还有什么“气”可生呢？

2. 凡事向前看。设法消除产生恶劣情绪的因素，对事态加以重新估计，不要只看到坏的一面，也要看到好的一面。遭遇挫折，决不灰心丧气，学会摆脱失望，恢复必胜的斗志，然后去设定你的下一步目标，循序渐进，一步一步地去完成。总之，失意不失志。

找到快乐工作的途径

米卢在担任中国国家足球队主教练的时候，提出了一个“快乐足球”的口号，得到了国内大多数人的认可。快乐工作，也应该成为我们职场一族的口号！快乐是一种工作态度，也是一种积极的工作精神。快乐工作是一种于己于人于公司都有益的职业态度，是一种高效的工作情绪，它可以感染你的上司、同事与客户。

有的人每天都不快乐，他们愁眉苦脸，讨厌手中所做的工作，视其为枷锁，于是他们的人生就是一场漫长难熬的苦役；有的人每天都很快乐，他们欢欢喜喜，热爱自己的工作，视其为享受，于是，他们的人生就是一支悠扬动听的歌谣。

有很大一批人，他们整天都在抱怨——“公司又加任务了，我快倒下了!”“老板犟的要死，死活不同意我的提案。”“那个小王有什么了不起，整天唧唧歪歪，烦死个人!”……诸如此类的烦恼占据了这类人的心，快乐于是被赶跑了。

还有一类人视工作为负担，他们没有体会到工作的乐趣，也没找到快乐工作的途径。试想，一个总是把工作当负担的人，怎么能全身心地投入到工作之中呢?

职场中的快乐源自哪里？有人说源自老板，老板给我们发工资，掌握着我们的生杀大权，可以决定我们的去留，决定是否给我们升职，决定是否给我们涨薪水，决定是否给我们更广大的前途，因此老板决定着我们的快乐；有人说源自同事，我们可能每天见老板的时间不多，但与同事相处的时间绝对多，甚至比跟亲人相处的时间还要多，因此，与同事相处的好坏就决定了我们是否快乐。

这些说法仅仅说对了一部分。还有一点，那就是源自自我。我们自己才是快乐的最大创造者。上述两者都是外因，这类人其实把快乐的钥匙交到别人的手上，而真正应该掌管钥匙的人其实是自己，是自己的心态。如果我们可以做到不管外界如何，都始终保持一种平和的心态，那么快乐自然也就来了，但如果我们常常受外界的影响，怨天尤人，那么快乐自然就见不到。

职场中，影响我们快乐的因素很多，但如果我们总是把快乐的钥匙交给别人，处处抱怨别人的不对，快乐就无法靠近你。如果我们换一个角度，树立积极的工作态度，就会感觉快乐工作并没有想象的那么困难。每天微笑着面对生活，别人就会知道你很快乐，就会愿意亲近你，与你相处，你的人际关系就会更融洽……只有我们处变不惊，不管遭遇什么，都能心平气和，则一定可以得到快乐。

出生于贫困家庭的袁媛是吉林大学的研究生。毕业之后，她顺利进入了福特公司。

袁媛从进入公司的第一天起就耐心认真地做着分内的工作，虽然只是坐在办公室接听电话、处理文件，但她毫无怨言，从没有因为自己是名牌大学的研究生身份而感到一丝委屈。相反，她一直保持着愉快的心情来干好身边的工作，对待工作相当主动和投入。

因为她对工作认真负责而且一直保持乐观向上的态度，上司对她大为赞赏，她很快就成为分公司的一名销售经理的候选人。一年后，袁媛得到了接受培训的机会。如今，她已经是福特公司的一位区域经理了，负责产品的销售与开发。对于自己的工作，袁媛这样说："任何工作，任何职位，对我来说都很珍贵，我相信每一份工作都能让我学到很多东西。每天来到公司，我只要一想到今天又可以从工作中学到新的东西，便会觉得很高兴，而这种愉快的心情便是我成功的原因。我非常珍惜已经拥有的这份职业。”

加利福尼亚大学的研究人员发现：快乐的人更容易获得事业成功。其原因是快乐的人经常会有积极的情绪，这种情绪激励他们主动接受新的知识。快乐的人很自信、精力充沛，这样会使他们更有干劲儿。良好的情绪可以更好地开展工作，更多地释放自己的潜能，提高工作效率；相反，坏情绪则会阻碍人的潜能的发挥，也会导致工作效率的降低。因为坏情绪是一种巨大的“内耗”，而内耗就如同电脑感染了病毒，CPU 的系统资源被大量占用，正常的程序自然就会运行缓慢，就会容易“死机”。

工作首先是一个心态问题。如果大家都能做到像袁媛那样不管做什么都能从工作中得到快乐，而且，一直保持认真负责、乐观向上的工作态度，这样的员工，谁不喜欢呢？

高尔基曾说：“工作快乐，人生便是天堂；工作痛苦，人生便是地狱。”在现实生活中，也许选择什么样的工作有时候身不由己，但是我们却可以通过改变心态来改变现状，获得快乐。世界上没有不好的工作，只有不好的工作态度。让我们对工作产生不满的是不平衡的心态。如果视工作为享受，那么我们就会努力地工作，然后取得满意的结果，从中又得到快乐，快乐又可以促使我们继续努力地工作，于是便成了良性循环。如果把工作当做一种痛苦的差事，便会心生不满，处处抱怨，敷衍了事，一事无成，从而满怀怨恨，不仅对别人怨恨，也对自己怨恨，自然快乐就不会来临。

因此，快乐工作的关键取决于心态。放弃抱怨，用乐观的心态去面对当前的工作，那么，我们就会从这种积极转变中找到快乐。从自己胜任工作后的那一刻起，我们会发现，原来快乐工作就在自己身边。

快乐工作其实很简单，只要你能做到以下几点：

1. 给身边的人快乐。以你的快乐感染了他人，他人也会将快乐传递给你。如果你是老板，每天见到员工，给他们一个自信的微笑，员工就能保持一天的好心情；如果你是员工，学会每天微笑着做事，老板会认为你积极乐观，热爱工作，同事则感觉你容易相处，也愿意与你亲近……此时，你的快乐感染了整个团队，也为自己赢得了更多的快乐，何乐而不为呢？

2. 从工作中寻找乐趣。工作是每个人生活中不可缺少的一部分，如果在工作中得到的是紧张、厌倦与烦恼，那么我们就会对生活感到失望、痛苦。工作不但是为了挣钱，而更应让我们的生活变得有意义。在单调的工作中寻找乐趣，不仅会得到胜任工作的成就感，还会给我们的生命增添光彩。

3. 修身养性。良好的修为和思想境界是保持快乐的源泉。修炼一颗平和的心，打造一种向上的精神，学会热爱生活，热爱工作；融入工作环境，融入工作群体；学会简单，学会宽容，不斤斤计较；与人为善。如此，才能获得快乐。

消除焦虑的几个妙招

当老板安排给你一个你从未做过的项目时，当别人升职而你依然原地踏步时，当工作多得加班也无法完成时，当同事间关系出现问题时，你是否觉得精神上有种要崩溃的感觉？你是否有过身心疲惫、无力应付的感觉？你是否曾因此而烦闷、失眠、抑郁？果真如此，那说明你已经深深陷入了焦虑的泥淖。

焦虑是现实生活的组成部分。现在的社会是一个“压力的社会”，是一个充满焦虑的年代。人们的工作、生活、学习都是非常紧张、繁忙，在充满竞争和压力的环境下，身在职场，很容易感到来自生活和工作的重重压力，职场焦虑无所不在：升迁的烦恼，与同事相处的困难，跳槽的担忧……焦虑也就成了职场人的通病。

焦虑看似源自外界因素，其实来自内心对未来的恐惧。这种情绪会让人的身心感到恐慌、无力，觉得自己像一只受伤的小鸟儿一样脆弱无助，每次你感到焦虑或害怕，都是你自己在告诉自己：糟糕的事情要发生了。比如，如果你害怕飞行，当飞机遇到气流时你就会惊慌失措，因为你心里在想："飞机要坠毁了！"接着你会想象当飞机失控，继而爆炸，你会立刻粉身碎骨。你的恐惧不是源于气流本身，而是来自你强加给自己的负面思维。当你改变了你的思维方式，你就能改变你的感受方式。

如果你能够放开胸怀，着眼于当下，焦虑就不会那么可怕。

秦露在一家事业单位当办公室主任，自从岗位竞聘述职启事贴出来后，她就再也没睡过好觉。她整日苦恼，如果被竞聘下去了，该怎么面对同事？她变得情绪不稳，吃不香，睡不着，郁闷、烦恼、头痛等疾病也找上门。

没有想到，她偶然得知她的老板朱文最近也焦虑不堪。朱文是一名成功的商人，事业上可谓一帆风顺，他名下的分公司也遍布全国各地。他的成功为他带来了无数羡慕的掌声，大家认为他这样的成功人士一定很快乐。但是，事实却并非如人们想象的那样，他的成功同时也给他带来了不少的压力，害怕失败的危机感经常冲击着他的内心，使他疲于应付，他还整天为客户可能被人抢走、对手想出新的招数、资金运转不良等问题而焦虑不已。

身在职场，有些人因为害怕失去某些原本属于自己的职位、待遇、名望等，于是变得焦虑不已；有些人则是为某些遥不可及的事而焦虑，甚至坐卧不安。不管是哪一种情况的焦虑，它带给我们的除了困扰还是困扰。

像秦露和朱文这种现象是一种典型的"职场焦虑"。焦虑对工作会产生极大的负面影响，严重影响工作效率，也会影响自己的职业发展，还会危害到自己的健康，诱发疑病症、恐惧症、强迫症甚至癔症等疾病。

一旦产生焦虑，我们就要合理调节。如果你积极地对待焦虑，便可以变焦虑为生命中的强大动力，并将发掘出推动事业成功的潜动力。容易焦虑的职场人士，要学会自我放松心情，学会与压力作战，一步步走出焦虑困境。

以下是几个妙招：

1. 不要胡思乱想。同事一句不经意的话、老板一个冷漠的眼神可能都足以让爱焦虑的你产生诸多联想——我哪里做得不够好吗？位置是否不保了？加薪是否无望了？越想越焦虑，直到食不甘味。其实，他们或许早都忘了，也或者根本没有放到心上，所以你也不必计较，只要把老板交代的事尽力做好，就算老板挑剔了也不必紧张。

2. 学会自我放松。方法如下：端坐，身体后靠，双掌放于肚脐上，用鼻子长长地吸一口气，再用嘴呼气。你要用 4 秒的时间吸气，再用 4 秒的时间呼气，必须每天坚持练习多次。每当工作累了，就可见缝插针地多做深呼吸，特别是自己又陷入焦虑之中时，先停下来做几次深呼吸。另外，还可以运用音乐、瑜伽、冥想等方法来帮助放松。

3. 要懂得取舍。学会张弛有度地生活，给自己做一个正确的职业定位，把不良情绪降到最低。

4. 合理安排时间。一个人面对纷乱芜杂的事情时，就有种头大的感觉，于是焦虑就产生了。你可以找个安静的地方，整理一下自己的时间。列出自己所要做的事情，根据轻重缓急，按部就班地去做。当事情一点点解决了，自己的焦虑之感就会减轻。

5. 只和自己比，不跟别人比。和别人比，会让自己越比越没有信心，所以，你要学会和自己比。比比今天的我是不是比昨天有了进步？比比这次的工作是不是比上次做得出色？和自己比，不但是化解焦虑的高招，也是督促自己进步的妙计。

6. 学会倾诉。人们都需要一个感情的宣泄口，就像小时候受了委屈会跑到妈妈怀里撒娇一样，工作中有焦虑之感时，累了，伤了，也要学会找个情感的宣泄口。那就是倾诉。多和朋友聚会、多和家人聊天等，这是分散、排解和消除不良心情的妙法。另外比较有效的一个方式是运动、旅游，到大自然里去走走看看。事实证明，多一些运动有助于缓解各种焦虑症。如果焦虑过于严重，则需去专门的心理门诊咨询，遵照医嘱选服一些抗焦虑的药物。

第四章

培养良好的工作态度

态度决定一切。一个有着良好工作态度的员工最受领导欢迎，最有发展前途。而一个人如没有端正的工作态度，即使有再高的工作能力，也难以有较好的前程。能力再大，如果投机取巧、敷衍塞责、消极懒惰、不忠诚、不敬业，最终会被企业淘汰。

良好的工作态度需要你把工作视为神圣的事业，而不仅仅是养家糊口的工具和人生的负担；需要你有一种积极主动的做事风范，而不只是等待老板的安排和催促；需要你敬业、忠诚、合作，而不是单打独斗，我行我素。

端正态度，培养良好的心态，努力往前冲，成功就在前头。

态度决定一切

职场竞争表面上是知识、能力、业绩的竞争，实质上却是职业态度的竞争。美国西点军校有一句名言：“态度决定一切。”在工作中，只要我们抱有正确的态度，没有什么事情是做不成的。很多时候，一个人在职场能否取得成功，主要就看他的工作态度是否端正。

工作态度主要分为两类：一类是把工作当成事业，时刻充满激情，不仅仅是因为挣钱而工作，不以薪水的高低来确定自己的职业方向，对交代给自己的任务能够主动积极地去做好，不敷衍了事，不拖延怠慢，不找借口，保持负责、认真、忠诚、敬业等积极向上的工作精神；一类是仅仅把工作当成养家糊口的工具，根据薪水高低来找工作，工作中敷衍塞责，消极抱怨，碰到困难和挫折就找借口，从不把工作当成自己的事，没有主人翁精神，对不属于自己的事漠不关心。

章超和孙飞同在一家报社做编辑。章超自从进入公司以来就勤勤恳恳，他知道自己刚毕业，没有任何工作经验，在现在找工作如此难的情况下，能够进入一家报社做自己喜欢的工作，实属幸运的事。所以，对于刚开始的700元薪水他也觉得很满足。他想，公司给自己的薪水是有道理的，当自己的价值让公司看到后，公司自然就会给自己涨工资了。所以，他一直很努力地做好工作。

而孙飞呢，自进入公司的第一天起，就抱怨公司给出的薪水太低，自己一个大学本科生来到这里是屈就，所以，他一直没有全身心地融入到工作中，对待工作总是敷衍、偷懒。

一次，报社急着赶一批稿子，总编把这个任务分给了章超和孙飞，规定的时间是两天内完成。结果，就因为这次的任务，两个人的命运发生了巨大变化，章超被提拔了，而孙飞被辞退了，为什么呢？

原来，章超接到任务后，先是列好时间计划表，接着就着手去做了。为了赶任务，他还主动熬了两个通宵。而孙飞则为了赶任务，直接摘抄了别人的文章，而且没有做任何改动，他以为这样能瞒天过海，结果，主编一眼就看穿了他的伎俩。

主编很生气。联系到孙飞平时的工作表现，主编找他谈话，希望给他最后一次机会。主编问他："你为什么要这样做呢，你知道这样做会给公司造成损失吗？"孙飞却说："我知道，但为了赶任务，我只好这样了。我以为您不会看的。"主编忍住怒气说道："就算我不看，你也不可以因此而敷衍，工作是要用心去做的，不能因为时间紧迫就不顾质量。"孙飞说："是啊，我是没用心去做，但是公司开给我的薪水那么低，如何让我积极去工作呢？"主编终于认识到是孙飞的态度存在问题，而不是仅仅因为时间紧迫，所以，主编决定辞退孙飞。

事业发展依靠什么？态度和能力，态度第一，能力第二。当一个人的工作态度出现问题，即使他有再高的能力，也不可能创造出多大的价值。因为一旦态度不端正，他就会对工作不用心，就会敷衍了事，就会斤斤计较，就会不专心于工作本身，就会三心二意，那么，抱着这样的心态工作，怎么会有好的成绩呢？

案例中的章超是聪明的员工，他认识到在自己初入职场时，让公司看到自己的价值比计较薪水的高低要聪明得多。而孙飞则被错误的态度害得丢了饭碗。

一家企业的老总曾经说过："我宁愿要一个毫无工作经验、但态度端正的员工，也不会要一个能力突出，但态度不良的员工。"佳绩需要正确的态度做基石，一旦这个基石不存在，那么佳绩也就不复存在。只有抱着正确的工作态度，才能心甘情愿地将手中的工作干好，也才能最终获得丰厚的物质回报，赢得同事和老板的尊重，同时也实现自身的价值。我们在刚踏入社会、进入职场时就应该明确这一点：无论遇到什么情况，都不应该为自己寻找抱怨、偷懒、渎职的借口，因为工作不仅仅是在为老板、为工资，更是在为自己、为未来，应该把它当做一种属于自己的事业，用正确的心态去工作。

我们在工作中应该具备什么样的工作态度呢？

1. 积极心态。一个人的心态决定着他选择的路，决定着他的生活方式和工作方式。有些人总是困惑，为什么别人看起来更快乐，更健康，每一个人都喜欢跟他交流，老板也非常赏识他，而自己每天埋头工作，甚至抱怨着加班，可是什么也得不到，老板不喜欢，同事也敬而远之呢？我们用奥修的一段名言来回答上面这个问题：“你并不是一生下来就是一棵树，你一生下来只是一颗种子，你必须成长到你会开花的时候，那个开花才是你的满足。那个开花跟权力无关、跟金钱无关、跟政治无关，但它绝对跟你有关。因为它是你心态进步的结果。”

因此，对一个事业成功的人来说，工作心态非常重要。如果你能在工作中保持积极的心态，你一定会在事业上取得丰硕的成果。

2. 对工作负责的态度。富兰克林说：“来到这个世界上，做任何事都要全力以赴。”这样，即使是最卑微的职业，也能从中体验到快乐与满足。我们所做的每一份工作，都是为自己而做，当我们在服务别人的时候，我们所得到的并不仅仅是工作的报酬，还有技术的锻炼，品质的提升与名誉的提高。如今，有不少员工把薪水当做他们干工作的标准，薪水高就卖力，薪水低就敷衍了事。这样的员工到最后应付的只是他们自己。一个聪明的员工，总会抱着对工作负责的态度，因为他知道他是在为自己工作。

3. 战胜困难的态度。对于任何人来说，工作都不可能一帆风顺，种种失败、无奈都需要我们去勇敢面对，豁达处理，耐心解释。在工作中遇到困难的时候，有的人放弃了；而有的人却坚持了下来。我们可以看到，那些在事业上取得巨大成就的人，都是在困难面前不低头的人。像海尔集团董事局主席张瑞敏、巨人网络公司董事长史玉柱……如果他们没有战胜困难的决心和毅力，他们能取得今天的成绩么？所以，作为一名员工，在我们的工作岗位上，一定要有战胜困难的态度。

4. 执著的心态。执著的心态主要是强调员工对工作具备专注和投入的精神，强调对自己的职业理想、人生信念的坚持，强调一种成就大事业所具有的非凡意志力。海尔集团董事局主席张瑞敏曾经说过："什么是不容易？把容易的事坚持做好了就是不容易；什么是不简单？把简单的事坚持做好了就是不简单。"我们只有具备了执著的心态，才能在一次次遇到困难时，保持一种永不放弃的精神。

绝对不能只为生存而工作

有些人有这样一种观念：工作只是一种生存的手段，工作的目的和意义就在于它能提供给自己生存的保障，仅此而已。因此，哪个企业的待遇好、工作轻松，他们就选择去哪家企业，或者往哪家企业跳槽。这种为了生存而不断跳槽的员工，到最后将无法在职场中有所作为。因为他们的职业目标不明确，不明白工作的真正意义，更不把工作当成终生的事业去做，这样的心态很难做出什么成绩来。

我们应该知道，工作是展现自我才能、实现自我价值的途径。生存仅仅是工作的一部分，但绝对不是工作的全部内容。如果你只是为了生存而工作，也许你会得到一时丰厚的报酬，但最终你将在这个竞争激烈的职场中寸步难行，甚至无法生存。

有一家大型企业来某所高校招聘市场营销人员，有两个即将毕业的大学生甲和乙同时来应聘这个岗位。该企业的薪水标准不是太高，在听完招聘人员的描述后，甲学生说："虽然这份工作的薪水不是很高，但是我能从中学到知识，也可以提高我的能力，我觉得挺不错的。"于是，他很主动地前去投递了简历，并表达了自己希望得到这份工作的意愿。而另外一个同学乙却说："薪水这么低，每月的工资还不够我一个月的生活费呢，连生存都无法解决，这样的工作我可不干。工作不就是为了挣钱、为了生存嘛！"于是，他没有将简历投给这家企业。

两年后，在北京的某场招聘会上，甲乙再次相遇了。只是，不同的是，甲是作为公司的营销总监前来招聘的，而乙却是来应聘的。

在职场中，要想不被残酷激烈的竞争所淘汰，就不要把工作的意义简单定位为"为了生存而工作"，而应该把自己定位得高一点、远一点，然后脚踏实地完成它，在不断进取的过程中实现自己的工作价值和人生理想。以这样的态度努力工作的人，工作积极性也会高于他人，工作成绩自然也会优秀。反之，那些抱着"工作就是为了生存"心态的员工，他们不会有积极进取的精神，工作上很难有大的作为。因为，为了生存而工作的人，一旦遇到困难或不满，他们就极易感到沮丧和失望，甚至会怨声载道，于是敷衍了事、得过且过的消极心态就会占满他们的内心。就像上述案例中的乙一样，在他心中，他首先想到的不是如何做好工作，而是工作的薪水，自己生存的保障，他的心态总是停留在养家糊口的水平上，计较个人得失，如此一来，他不会对工作全力以赴。

一般情况下，在工作中首先考虑生存的人，会计较薪水和回报这些问题，而不认真考虑自己工作的价值和意义，更谈不上奋斗和奉献了。一旦企业的薪水无法满足他的要求，他就会怀疑自己的工作是否还要继续做下去，进而就会分散心神，甚至考虑辞职。

但是，我们要知道，当我们初进职场时，没有任何工作经验的我们只是一个学徒而已，企业能够提供给我们一个学习和锻炼的机会已经不错了，我们要做的就是努力掌握工作的技巧，提高自己的能力，思考如何实现自己的才华，给公司创造价值。因为只有先付出，才会有收获。只有不计较一时的薪水高低，才能有更大的发展。如果你无法明白这一点，仅仅为了生存而工作，斤斤计较，不懂付出，那么，以后你就要为自己的生存而担心了。

为了生存而工作的人，只是把工作看成一种谋生的手段；而把工作当做事业来干的人，则是为了实现自己的价值和心中的信念，他们工作的过程其实也就是个人奋斗、实现价值的过程。从这点来看，把工作当做事业来做的人，是真正具有敬业精神的人。他们通常把工作看作光荣的使命，而不是沉重的负担。试想一下，我们的身边那些拥有了巨额薪水的人们，他们工作总比那些拿薪水低的人更富有激情，而且也更卖力。他们是在为生存而工作吗？显然不是的，他们是在为实现自己的人生价值、社会价值而工作。

“青年时种下什么，老年时就收获什么。”著名戏剧大师易卜生这句很经典的话告诉我们：对我们来说，你在公司的土壤中种下什么，公司就会回报给你什么；如果你积极热情地对待公司中的种种事务，那么你的能力就会得到快速的提升，当你成为了公司不可或缺的人才，你的回报自然会水涨船高，如此，你还用担心生存问题吗？

因此，你对工作的态度应该是：

1. 确立清晰的职场目标与规划。明确自己想要的是什么，自己的职业方向是什么，明白职业的短期目标和长期目标。

2. 热爱自己的工作，享受工作带来的快乐和乐趣，正确认识工作的价值和意义。

3. 工作中不要太计较回报，而要学会奉献和奋斗。这样，工作自然就会在无形中让你得到丰厚的回报。

4. 把工作当做事业来做，勤奋做事，认真尽责，积极进取，全力以赴地做好工作中的每一件事情。

不要把工作当成一种负担

一个工作了三年的人曾痛苦不堪地说：“我感觉工作对我来说简直就

是一种折磨人的苦差事，没有丝毫的快乐之感，我也不清楚这是为什么。”他的老板告诉他：“因为你把工作完全看成了一个负担，你现在已成为了工作的奴隶，你完全是在被动地工作。”

审美疲劳是人类的本能。对于大部分的人来说，一项工作干久了都容易产生枯燥、厌烦的心理，别说加班，就连一天8个小时的工作也会觉得是一种负担。然而，在我们的一生中，工作时间占据了我们生命的大部分，如果将工作看做一种负担的话，那么我们生命的多数时间都会在痛苦和煎熬中度过。所以，与其把工作当成一种负担，不如学着调整心态，认识到工作的意义和价值，重新点燃工作的激情。在快乐中工作比在痛苦中工作要强百倍。当你把工作当成一种享受、一种责任时，你就能发现工作带给我们的快乐与满足。

卡尔·普兰斯是美国的一名火车司机，日复一日地重复着同样的工作。他早就厌烦了这份工作，可是又不能没有工作，因为他还要靠工作生存，因此他开始买彩票，希望自己有一天可以中大奖而离开这份工作。终于在2007年10月，他幸运地中了690万英镑的大奖。中奖之后，他第一件事情就是把工作辞掉，并买了一辆跑车开始了他的环球旅行。

令人没有想到的是，在几个月后，普兰斯居然提出申请要回到铁路部门。公司起先拒绝了他的申请。后来在他的万般恳求之下，公司终于同意他重回自己心爱的岗位。有人问他：“你不是早厌烦了这份工作么？怎么又主动回来了呢？”他发自内心地说：“以前，我总觉得工作是一件很枯燥的事情，对于我来说工作就像是负担一样，可是当我把这份工作辞掉，整日游玩的时候，我才发现没有工作是一件多么可怕的事情。我不能把自己的余生花在无聊的度假上，我要与我亲爱的同事及心爱的火车一起快乐地工作下去。”

在以后的日子里，卡尔·普兰斯没有再抱怨这份工作的枯燥，也没有再把这份工作当做负担，而是充实而快乐地工作着。

为什么很多人总是抱怨工作的枯燥、无味呢？因为在他们的意识里，只是把工作当做了一种生存的手段，视工作为庸俗的劳动。其实，工作的目的有很多种，而赚钱仅仅是其中的一种。如果你试着把工作和钱分开，和快乐挂上钩，也许你会发现工作将成为一件愉快的事情。就像上述案例中的卡尔·普兰斯一样，失去工作之后才知道工作的目的不能完全等同于赚钱，从这份工作中，他还可以得到用金钱买不到的快乐，只是之前他没有发现而已。

我们大多数人都没有中头彩的机会。我们人生大部分的时间要献给工作，如果不把工作当成快乐的事情，不去从工作中寻找快乐，那我们这一辈子岂不是要在痛苦中度过吗？

天下没有十全十美的工作，任何一份工作干久了，都会有枯燥、乏味之感，但如果你认识到工作的意义，发现它的乐趣，你定能从中得到无比的力量，这远比整天抱怨、唉声叹气要强得多。有人说，工作不快乐是工作压力大、领导方法差、单位风气不正、人际关系不好、工作太苦太累等原因造成的。其实，除了这些客观原因外，更多的在于我们的主观原因。那就是没有摆正自己的心态，把工作当成一种乐趣，一种生命的意义，而不是把工作当成一种负担、一种无奈。

如果从工作中只得到了厌倦、紧张与失望，人的一生将会多么痛苦；哪怕令自己厌倦的工作给自己带来了名与利，这种光彩又是何等的虚浮！

不把工作当成一种负担，我们应该这样做：

1. 主动工作。所谓主动工作，就是在没有人要求你、驱使你的情况下，你也能自觉并出色地做好事情。如果要从工作中得到乐趣，就首先不要让自己变成工作的奴隶，而要让自己变成工作的主人，积极主动而又快乐地对待工作。工作不主动就容易造成工作拖拖拉拉，没有长计划短安排，处于应付状态。被动的工作状态容易阻碍人潜能的发挥，损害及减低人的做事能力。因为它要窃取你的时间、能力、机会、品格与自由，从而使你成为它的“奴隶”。随着时间的流逝，工作的压力反而与日俱增，更会让人觉得工作就是一种负担。因此，不管你现在是建筑工地上的一名工人，还是办公室里的一名普通职员，抑或是大企业的高级白领，你都应该极力避免被动等待的习惯，积极主动地做好自己的工作。

2. 摆正心态。世界首富比尔·盖茨曾经这样说："无论你做什么事情，如果不摆正自己的位置，不摆正自己的心态，将一事无成。"在职场竞争中，决定成败的因素不是一个人的工作能力，而是工作心态。因为每个人的心态不一样，所以对工作的努力程度、付出程度、负责程度、认真程度就会不一样，这就是为什么有的人在职场中取得了巨大的成就，而有的人却始终一事无成的原因。

3. 明确目标。目标不明确导致工作效率降低，效率低导致业绩差，业绩差导致不被领导喜欢，不被领导喜欢导致工作不快乐，工作不快乐导致没有激情，没有激情导致把工作视为负担，把工作视为负担导致工作目标不明确。如此下去，就形成了工作中的恶性循环，从而陷入被动应付的境地。因此，树立明确的工作目标，找准坐标定位，是走向成功的有效途径。

目标指引成功，没有目标的人只能浑浑噩噩地工作，他不知道今天要完成什么任务，不知道明天要达成什么指标。这种没有竞争意识的人自然会毫无追求，也无法用高标准要求自己做得更好，这样自然也就难以脱颖而出。

老板不在的时候最关键

有人把公司比作一条航行于惊涛骇浪中的船，老板是船长，而员工就是水手。一旦上了这条船，员工的命运和老板的命运就连在了一起。所以，即使有时"船长"不在，船仍然是你的船，作为水手的你仍然要对船的安全航行负责。一个优秀员工的表现就应该像水手一样：无论老板在不在，他都会一如既往地努力工作。因为他知道，工作并不是做给老板看的，而是给自己上交的一份良心考卷。

许多员工最高兴的事情莫过于老板出去参加什么会议了，或是出国考察、谈判，因为这个时候他们认为老板不在，就可以放松了，就可以让每天紧绷着的神经舒缓一下了，就可以偷懒了，就可以对工作不认真了。他们认为，反正老板不在，我做什么他怎么会知道呢？但是，似乎很多时候，这些人会被突然进门的老板逮个正着——他们正在做与工作无关的事。所以，当老板不在时，还是谨慎些好，始终如一地保持与老板在时一样的状态，就不必担心被老板逮个正着了。

不要把老板当成傻子，以为他只是每天打打电话，喝喝茶这么清闲，以为他发现不了你的偷懒。其实，即使他不在，你所做的每一件事情他也会知道的。老板的眼睛是雪亮的，每一个员工的表现，干的多少、好坏，在老板的心目中都会有一本账。任何时候，都不要因为老板没在身边监督你的工作，就觉得他看不到你的行动。实际上，老板通过你上交的工作任务就能知道你是否在努力工作。

一家经营打印设备的公司老板出差了。就在这个时候，以前的一个老客户上门联系一款最新的打印设备的销售事宜。当这位客户提起即将推出的新品时，一位负责接待他的员工小瑾冷冷地说："老板不在！我们可做不了主！"

这位老客户继续把厂家准备如何做该款的宣传、需要经销商如何配合进行渠道开拓的设想向这位接待人员讲解，试图得到他的理解和回应。但是，小瑾根本不听他的解释，只用非常简单的一句话搪塞："老板不在，我不管。"

这位老客户没有办法，只好悻悻地走了出来。可是这个产品对于他们公司却很重要，于是这位老客户第二天又过来了，这次接待他的是一位新来不久的员工小梅。当她了解了客户的情况以后，她敏锐地觉察到这是一个不错的商机，无论如何不能因为老板不在就让它白白溜走。她主动要求第二天就为他们公司送货，其他具体事宜等老板回来以后再由老板定夺。

老板回来的时候，这位老客户把这两位员工的表现全部告诉了老板。

老板在公司全员大会上表扬了小梅，对她进行了奖励，鼓励她继续把公司的事情当成自己的事情做。同时，老板把小瑾开除了。

暂时的放松是可以理解的，但是如果认为这是最好的偷懒时机，那绝对是一个错误。老板的离开并不意味着他完全失去了对公司的控制，你的工作能力还有你的工作成绩告诉了老板你的一切。小瑾在老板不在时，不负责任地对待工作，她以为老板不会知道，但是没有不透风的墙，她的客户会将她的行为告知老板。小梅则没有因为老板不在而放松工作，反而努力将事情做好，这样的员工哪个老板会不喜欢呢？

忠诚是一个员工必须具备的基本道德。一个员工对公司是否忠诚，在老板不在的时候最能体现出来。在老板的眼中，忠诚比才能重要10倍甚至100倍。所以，许多老板宁要一个才能一般，但绝对忠诚、对工作负责的员工，也不愿意接受一个极富才华和能力，但却总在盘算自己的“小九九”的人。

上述案例中，第一个员工似乎也没有错，员工完全可以借老板不在推脱一切责任。但是，一个优秀的员工永远不会缺乏主动工作的精神，他永远都会保持自动自发的精神，他们懂得在老板不在的时候，要为自己负责，更要为老板负责，为公司负责。

要具备老板心态，把工作当成一种信仰。对老板来说，工作就是一种信仰。以老板的心态来工作实际上就是一种换位思考，即站在老板的角度去干工作。要知道，所有的老板都希望员工能够像自己一样，将工作当成自己的事业，用100%的努力去完成每一项工作，更多地去考虑企业的成长，考虑企业的明天，而不是挣多少工资的问题。如果你也这样考虑问题，那你就会成为一名称职的员工，当然也就是老板所满意的员工。

也许有人会说，企业是老板的，让自己以老板的心态去工作太难了。的确，很多企业天天叫喊主人翁精神，却没有谁真正把自己当做主人。之所以这样，就是员工没有真正明白企业是谁的。从表面上看，企业的确是老板的，老板得到的利益要远远大于员工的利益。事实上，企业是员工和老板共有的，员工也是企业中的“一部分”，这一部分给了你工作的机会，给你带来收入，给你展示才华的舞台。如果没有这一部分，你的这一切都不存在。如果你爱这一部分，你就不再感觉工作是一种苦役了。所以，在工作中，员工也要拥有老板那样的心态，全心全意地投入到工作中，富有奉献精神。

有进取精神才有前途

古人云：“欲求其中，必求其上；欲求其上，必求其上上。”又云：“取法乎上，仅得其中；取法乎中，仅得其下；取法乎下，无所得矣！”拿破仑说：“不想当元帅的士兵不是好士兵。”进取精神是一种对人生的热爱，对生活的激情，也是一个人成功的起点。不满足于现状，时刻想着向更高处迈进，是成功者身上最显著的品质。

在工作中，进取精神就是对一味固守的不满足，时刻追求更高的目标，勇于向高难度的工作挑战，懂得主动发现工作中的不足，不断给自己加码。正所谓不进则退，进则居上，以此追求最大可能的尝试和创新。

钢铁大王安德鲁·卡内基说过这样一段话：“有两种人绝不会成大器：一种是非得别人要他做，否则绝不主动做事的人；另一种则是即使别人要他做，也做不好事情的人。那些不需要别人催促，就会主动去做应做的事，而且不会半途而废的人必将成功，这种人懂得要求自己多付出一点点，而且做得比别人预期的更多。”

具备进取精神的员工从来不会满足现状，他们总是在不停地探索、不停地进步。具备进取精神的员工其实不仅仅是对公司、对工作的负责，更是对自身的负责，因为只有具有进取精神，才能在工作中实现自己的人生价值。

齐勃瓦出生在美国乡村。刚开始的时候，他只是一个贫穷的山村马夫。但他并没有放弃自己的梦想，不甘一辈子做马夫。终于在3年之后，他遇到一个机会来到钢铁大王安德鲁·卡内基所属的一个建筑工地打工。虽然齐勃瓦的薪水很低，但是他很珍惜这个工作机会，当其他人在抱怨工作辛苦、薪水低的时候，齐勃瓦却默默地毫无怨言地工作着，有什么不懂的地方还积极地向周围的同事请教。

有一天，公司的经理到工人宿舍视察时，无意间看见了齐勃瓦桌子上放的书，又翻了翻他对工作所做的笔记，什么也没说就走了。之后，经理把齐勃瓦叫到办公室问："你学那些东西干什么？"齐勃瓦不慌不忙地回答说："我不想一直只做一个打工者，我想做一个既有工作经验又有专业知识的技术人员和管理者。"

又过了不久，齐勃瓦就被破格升任为技师。那些打工者都向齐勃瓦寻找其提升的秘诀。他回答说："我不光是在为老板打工，更不单纯是为了赚钱，我是在为我自己工作。所以，不管任何时候，不管领导在不在，我都时刻要求自己学习更多的知识，从而向更高的目标进取。"

被提为技师之后，齐勃瓦并没有就此满足，他依然努力工作，刻苦钻研，系统掌握了技术知识，具备了丰富的工作经验。

任何一名员工，不管具备什么样的学历、能力，不管从事什么样的职业，居于什么样的职位，都应在工作中保持一颗进取心，主动去了解自己应该做什么，还能做什么，怎样精益求精，做到更好，并且认真规划它们，然后全力以赴地完成。

上述案例中的齐勃瓦只是一个没有上过学的农村马夫，但是他并不甘心放弃自己的追求，在工作中他始终保持一颗进取心，不会就学、不懂就问。这样的员工能不进步么？这样的员工能不受领导的赏识么？

一位老板描述自己心目中的理想员工时说："我们急需的人才，是有奋斗进取精神，勇于向'不可能完成'的工作挑战的人。"然而，现实却是，世界上到处都是谨小慎微、满足现状、惧怕未知与挑战的人，而勇于向"不可能完成"的工作挑战的员工并不多见。

一个人如果缺乏进取心，在工作中抱着应付的态度工作，自然不会做出令人惊奇的成绩，也不会提出主动性的建议，更不会去开拓工作的新局面。一个无法创新、无法突破的人要想为公司创造更多的价值是不可能的。

企业需要具有高度进取心的员工，需要那种充满活力和热情、能够用实际行动来证明自己与企业同舟共济的员工，需要善于思考、谋于发展、勤于实践、勇于创新、乐于奉献的员工。

那么，该如何培养我们的进取精神呢？

1. 多给自己充电。作为一个有进取精神的员工，应该时刻为自己充电，因为社会发展很快，如果你不为自己充电，你就必定落后。因此，我们必须养成学习的习惯。不论从事何种职业，时间总是可以挤出来的，尤其是业余时间，可以好好利用。比如说你可以制订一个短期目标：学习外语与电脑，或选修一些与自己工作有关的课程。这样，一方面可以使自己的业余时间安排更加充实，另一方面，相信这对提高自己的工作能力也有很大帮助。当然，光充电还是不够的，如果你想获得更大的进步，还必须有步骤地策划未来。

2. 规划好自己的事业，确定发展方向。作为一个有进取精神的员工，一定要规划好自己未来的工作前景，并为之努力奋斗。进取精神作为一种工作态度，它让我们永不满足，每当我们达到一个高度，它就召唤我们向更高的境界努力，使我们一步步接近我们的目标，让我们不敢懈怠。

3. 开拓人际关系，学习为人处世的能力。作为一名有进取精神的员工，任何时候都不应该放弃表现自我的机会。比如：你可以与公司的同事及你的顶头上司多沟通、交流，开拓自己在公司内外的人际关系。因为一个人的知识面毕竟有限，但通过公司内外的人际网络，不仅可以得到最新的信息，也能在更换工作、升迁职位时获得较多的机会。

像“许三多”一样敬业

电视剧《士兵突击》里的许三多有一种敬业精神，无论他职位有多低，无论给他分配何种枯燥或艰难的工作，都不会影响他对本职工作的热爱，也无论环境如何，无论周围的同事如何，他始终兢兢业业做好每一天的工作。他在别人的嘲讽之下坚持一个人不停地修路，战友都认为许三多一根筋，但正是这根筋让许三多感动了他的战友，让许三多从一个又胆小又笨的毛头小伙子变成了一个顶天立地的大英雄。从他的身上，我们看到一种精神——那就是敬业，我们看到一种品质——那就是奉献，我们看到一种境界——那就是水滴石穿的坚持。

同样的工作环境，有的员工成了公司里的骨干，有的员工得到了领导的赞赏，有的员工则整日满腹牢骚、怨天尤人，最终碌碌无为……是什么原因使这些在同一屋檐下的员工有如此迥异的表现呢？最大的差别就在于一个人是否拥有敬业精神。一个员工如果缺少了敬业精神，他的工作就不可能做好。

在一个企业内部，各个工作岗位都是协调发展的，每个岗位上的人都拥有各自的岗位职责，只有每个员工都兢兢业业地干好自己的本职工作，企业才会发展。因此，企业呼唤具有敬业精神的员工，因为这样的员工以一种尊敬、虔诚的态度对待职业，抱着认真负责、一丝不苟的态度工作，即使付出更多的代价也心甘情愿，并能够克服各种困难，做到善始善终。

那么，究竟什么是敬业？朱熹说：“主一无适便是敬。”用现在的话说就是，当你做一件事的时候，集中全部精力于事情之上，这就是敬业。而美国总统麦金莱在得克萨斯州的一所学校演讲时，他对敬业的解释更加贴近生活现实，他对学生们说：“比其他事情更重要的是，你们需要尽职尽责地把一件事情做得尽可能完美，与其他有能力做这件事的人相比，如果你能做得最好，那么，你就永远不会失业。”在这里，尽职尽责便是敬业。

作为一名员工，只有具备敬业精神，才能在工作中更好地释放生命能量，实现人生价值。也只有敬业才能让自己获得丰厚的薪水、更高的职位和更完美的人生。而对一个企业来说，员工是否有敬业精神将决定这家企业是否有竞争力和活力。

郭俊杰十年之中都在陕西恒兴果汁饮料有限公司的各分公司岗位上辛勤地耕耘着，无论他被派到哪一个工厂，工作业绩始终位于前茅，多次被评选为优秀班组长。

有一天，当郭俊杰正在清洗小超滤设备时，他的同事跑过来告诉他：“你的妻子出车祸送往了医院，我们已经把车给你备好，你赶快去医院看看吧。”当时郭俊杰心里也很着急，准备马上走，可是他又停下了，他突然想到超滤膜还在用清洗液循环清洗，按设备清洗质量要求，最佳清洗时间为半个小时，如果自己走之后，设备一旦停下来，清洗液就停留在膜管中而长时间浸泡膜管，时间一长，设备膜就会受到较大损害，设备使用寿命甚至会受到影响。最终，他在焦急中坚持将设备清洗结束后才急忙赶往医院，幸好医院抢救及时，妻子并无大碍。医生建议他的妻子住院治疗，郭俊杰考虑自己的工作岗位无人顶替操作，孩子在家里又无人照看，最后和妻子商量，到自己的工厂里挂针吃药。带着挂着吊瓶的妻子回到工厂，托人照顾好妻子和孩子，自己又直接进了车间。

郭俊杰在合阳厂工作时负责超滤循环罐排污。有一次异物堵住罐底排污口，污水不能及时排出，已经严重影响生产，郭俊杰看到这样的情形，二话没说，卷起裤腿就爬进了55℃的高温循环罐内清理异物，在里面他衣衫湿透，呼吸困难，几次都快窒息昏死。漫长的5分钟过后，生产得以正常进行。

有一段时间，郭俊杰的父亲病情严重，希望能见见自己的儿子。但郭俊杰考虑到工厂里生产任务紧急，缺少工作人员，他不能离开工作岗位，就没有请假，只是每天下班后打电话询问父亲的病情。直到父亲去世，他才带着深深地遗憾回家料理……

他参加工作十年，出勤率为百分之百。他曾经为了企业的利益而撇下受伤的妻子，他为了加班加点而失去了与父亲见最后一面的机会……郭俊杰用自己十年的坚持不懈，十年的实际行动给我们阐释了什么叫做敬业。

为什么郭俊杰每到一个工作岗位都能被评为优秀班组长，为什么他的业绩每次名列前茅，难道他有非凡的才能？不是，他之所以优异，是因为他把工作看得比亲人、比生命更为重要，是因为他有崇高的敬业精神。一个人无论从事何种职业，不管是令人羡慕的高薪工作，还是受人尊敬的体面工作，或者是最普通的卑微工作，都应该尽职尽责，具备敬业精神。因为有了敬业精神，才能从一个普通的员工成长为优秀的员工，让自己的工作具有更大的价值和意义。可以这样说，员工的天职就是敬业。

敬业精神是培养一个人取得成功的最好的土壤。敬业精神使你有高度的工作热情，使你不断地提升自己，敬业精神能为你的事业发展插上翅膀。更何况我们自己是敬业最大的受益者。敬业者永远不会失业，敬业者能够通过自己的努力在工作中实现自己的人生目标，成就自己的人生价值。敬业者永远都是晋升加薪的对象，永远是老板器重信赖的对象，是公司的顶梁柱。因为敬业，他的生活会变得更充实更丰富。如果一个人不具备这种精神和意识，就容易养成敷衍、拖沓、不认真、不负责的做事态度，很难在工作中付出全部的努力来完成任务，这样的人没有付出，更不可能有收获，不会有成就感，他的人生也必定是乏味的、苍白的。

歌德曾经说过："你要欣赏自己的价值，就得给世界增加价值。"奉献精神也是一种伟大的敬业精神，当我们将爱岗敬业当做人生追求的一种境界时，我们就会在工作中付出百分之百的努力，少一些计较，多一些奉献，少一些抱怨，多一些责任。

那么，如何培养自己的敬业精神呢？

首先，不要这山望着那山高。要干一行爱一行，不管自己从事的职业是平凡的还是伟大的，是自己喜欢的还是自己厌恶的，当你没有找到新的工作之前，它都是你的生活保障，是你的全部。我们都应该一心一意、全心全意、诚心诚意地去做好它。

其次，在敬业的基础上还要乐业。孔子说过一句话："知之者不如好之者，好之者不如乐之者。"兴趣是最好的老师。当我们对自己的工作有兴趣，就能从中体会到快乐，就能乐此不疲。

最后，敬业的最高境界是无私奉献。普通员工李素丽的事迹为什么能够传遍大江南北，为什么能让13亿中国人民为之感动，是因为她的无私奉献精神。当一个人有了这种境界，他就是人民的楷模。

敬业精神是社会竞争和发展的需要，是时代的呼唤。有了敬业精神，我们的潜能才能发挥到极致，我们的人生才会光彩夺目。在工作中，每个人都要不以责小而懈怠，不以位卑而低沉，不以薪少而放纵，而应时时敬业、事事敬业，像许三多那样让敬业精神永存心中。

忠诚比能力重要

一位美国专家通过对几十名事业成功人士的研究发现，在决定事业成功的诸多因素中，知识占20%，技能占40%，态度占40%。而100%的忠诚则是一个人在职场上获得成功的关键因素。无论你是一名办公室文员，还是企业的高级管理人员，对企业的忠诚都应该是一样的。

忠诚的确不能代替工作能力，但忠诚是一个控制能力发挥的开关，只有拥有最纯粹的忠诚，员工才可以毫不保留地发挥自己的能力。所以，一个员工的忠诚比能力还重要。

优秀的企业寻找的不只是有能力的员工，更是具有忠诚精神的员工。现在国际知名企业在用人标准上都把忠诚度定位在能力和素质之上，因为忠诚已经不仅仅是对道德标准的评判，同时也是市场竞争的关键因素——

一个不忠诚的员工可能会做出出卖企业机密、损害企业利益的事情。

案例一：

有一家公司派出两人去外地采购设备，并且携带了上百万元的资金。这两个人中，一个是主管，一个是经理手下的文员。总裁认为，如此一来，两个人可以互相监督，互相补充。这看似是一个完美的团队，但公司却忽视了员工的忠诚度。在两人到达目的地后，在住宿的宾馆里，他们终于忍受不住这上百万现金的引诱，于是私下一商量，就将现金瓜分了。

后来，两人迟迟不回，公司报警。这两个人很快被逮捕了，但他们携带的资金已被挥霍一空，这使公司蒙受了巨大的损失，陷入资金链断裂的危机之中。

案例二：

鲍勃尔在一家销售公司从事了十几年的销售工作。在这十几年中，他掌握了大量的客户资源，这些客户资源对于一个公司来说可是一笔宝贵的财富。在与一家公司的合作过程中，对方的经理看上了鲍勃尔的才能和他手中所掌握的巨大的客户资源。于是，他们给出了比现在这个公司优厚的待遇和承诺，要求鲍勃尔到他们公司工作，可是鲍勃尔再三思考之后，还是拒绝了，他对这家公司的经理说："即使你把整个公司送我，我也不答应你的要求，因为这是一个工作人员应具备的最起码的品质。"

在职场中，很多人为了一己的私利，经受不起诱惑，不惜做出对公司不忠诚的事情。在上述案例中，那两名瓜分公司资金的员工因为不够忠诚而受到了应有的惩罚。而鲍勃尔面对其他公司所给出的诱惑时，并没有出卖自己的公司，这样的员工一定会得到老板的信赖和赏识。

有名记者曾经问一名参加过伊拉克战争的海军陆战队队员："在战场，你有害怕牺牲或害怕受伤的强烈感受吗?"这位士兵想了想说："与其说不怕死，不如说是因为有对国家的忠诚而不怕死。"忠诚让一个人敢于用生命去捍卫，可见忠诚的品质是多么宝贵。

托马斯·杰斐逊曾说："敢于行动而且忠于职守的人一定能够成功。"忠诚的职业道德是任何一个公司、任何一个老板都需要的。

一个人即使才智平庸，如果肯踏踏实实地做事，心中有忠诚奉献的意识，他也会在磨炼中不断进步；而对公司不忠诚，没有归属感，总想着跳槽的人，必定无法专心工作，这样的人，即使能力很强，也很难发挥出应有的水平，反而会成为公司的隐患。

在《忠诚胜于能力》这本书里有这样的一个比喻：老板是船长，你虽然只是一名普通的水手，甚至只是一名乘客，但你们毕竟踏在同一条船上。

同乘一条船，谁的方向不一样？

同乘一条船，谁的目的地不一样？

同乘一条船，如果遇上什么风浪，谁的命运又不一样呢？

一个员工一旦进入了某个企业，员工和企业就是一个共生体，企业的成长要依靠员工的成长来实现；员工的成长又要依赖企业这个平台来实现。企业兴，员工兴；企业衰，员工衰。现在大多数优秀企业在用人标准上都把忠诚和能力作为识人、用人的首要标准。

如何培养自己的忠诚之心呢？

1. 要忠于公司。对于公司，每个员工都是其中的一分子，员工价值也要通过企业这个平台来实现。一名具有忠诚态度的员工，会急企业所急，忧企业所忧，用自己的实际行动为公司作出贡献。一个忠诚而有能力的人是所有企业都争相聘用的人，也是受人尊敬且值得信赖的人，如果你对企业缺乏忠诚度，你的理想信念就会大打折扣。忠诚于公司还意味着在公司困难时，能够做到与老板共渡难关，不会跳槽。

2. 忠诚于工作。忠诚于自己的工作意味着不泄露工作中的机密，时刻维护公司利益，不做有损公司形象和利益的事。要能够经受住外界的诱惑，这个社会充满了诱惑，说不定什么时候我们就掉进了陷阱。诱惑随时可以让一个人背叛自己信守的原则，最终承受道德甚至法律的惩罚。

3. 要忠于客户。任何一个企业都要依靠客户而生存，对于企业来说，拥有了客户，即意味着拥有了市场。企业有权选择客户，客户也有权选择企业。那么，作为企业的员工就应以客户需求为导向，想客户之所想，急客户之所急，使他们感到你在实实在在为他们做事。任何时代、任何企业都需要拥有一支忠诚于客户的员工队伍。为什么这么说呢？众所周知，员工的工作态度、工作方法及工作质量将直接影响企业的客户数量及客户满意度。

4. 要忠于自己。对自己忠诚意味着你一旦选择了某一岗位，就要努力工作，让人生的每一分钟都创造价值。要克服工作马虎、敷衍了事的态度，要尽自己最大的努力把工作做好。要忠于自己的内心，每天扪心自问：是否努力工作了？是否将自己的价值体现了出来？

合作意识是好员工的重要标尺

好员工的标尺都有哪些？能力、忠诚、勤奋、负责等都是不可或缺的因素，而合作意识也是衡量员工的一个重要标尺。一个员工若想获得老板的赏识，就要善于与其他人合作，把自己融入到团队当中，凭借整体的力量，你就能把自己所不能完成的任务解决好。此外，还要学会与同事建立良好的合作关系，在做好自己的工作之外，懂得为其他同事着想，必要时帮助同事处理某项工作。

一滴水只有融入大海，才不会干涸；一个员工，只有充分地融入到企业当中，他才能充分发挥自己的才干，实现自己的价值。把个体与团队整合起来，才能拥有更强大的力量。因此，合作精神对做成事、做大事具有非常重要的意义。任何时候，任何企业都不会欢迎一个罗宾汉式的“独行侠”，因为他们过于炫耀个体的力量，而忽略了整体，这种做事方式无疑于螳臂当车、不自量力。一个人的力量是有限的，做事要懂得借力，懂得合作，联合他人的力量，才能创造出更大的价值。

有人说过这样一段话：“你手上有一个苹果，我手上也有一个苹果，两个苹果加起来还是苹果。如果你有一种能力，我也有一种能力，两种能力加起来就不再是一种能力了。就像我们所说的两个‘一’加在一起大于‘二’的效果是一样的。”在专业化分工越来越细、竞争日益激烈的今天，作为一个企业，单枪匹马的工作方式是无法面对千头万绪的工作的。这样，员工之间的协同合作就决定着工作的质量和效率。在众多的工作程序中，如果某个员工因为不善合作，而难以与其他员工密切配合的话，那么不仅他自己的工作难以很好地完成，而且整个企业的工作也会受到很大的影响。因此，世界500强公司在招聘员工时，都很注重应聘人员的合作意识。

案例一：

一家知名饮料公司要招聘市场开发人员，招聘人员把初试通过的9个人随机分成A、B、C三组，指定A组的3个人去调查本市甲品牌矿泉水的饮用情况；B组的3个人去调查本市乙品牌矿泉水的饮用情况；C组的3个人调查本市丙品牌矿泉水的饮用情况。总经理说：“我们录取的人是用来开发市场的，所以，你们必须对市场有敏锐的观察力。让大家调查这些矿泉水的饮用情况，是想看看大家对一个新行业的适应能力，每个小组的成员务必全力以赴！我这里有一份资料，你们可以拿过去看看。”

在规定的时间内，9个人都把自己的市场分析报告送到了总经理那里。总经理看完后，站起身来，走向B组的3个人，分别与之一一握手，并祝贺道：“恭喜3位，你们已经被本公司录取了！”然后，总经理看见其他人疑惑的表情，呵呵一笑，说：“请大家打开我叫秘书给你们的资料，互相看看。”原来，每个人得到的资料都不一样，A组的3个人得到的分别是甲品牌矿泉水过去、现在和将来的市场分析，其他两组的也类似。总经理说：“B组的3个人很聪明，互相借用了对方的资料，补全了自己的分析报告。而A、C两组的6个人却分别行事，抛开队友，自己做自己的。其实，这次测试的目的是想看看大家的协作意识。要知道，合作精神在如今是多么的重要。”

案例二：

有一家生产电脑配件的公司，负责采购某一原配件的业务员因病住院，无法及时领回公司采购生产急需要的原配件，而负责其他配件的业务员只愿忙自己的任务，并以业务不熟悉为由不愿出面帮助，他们把自己负责的任务出色完成了，其原配件堆在仓库里一年都用不完。而生病住院的业务员负责采购的原配件没能及时供应上来，结果造成公司因缺原配件而停产了一个星期，给公司造成了巨大的损失。

从上述案例一中，我们可以看到总经理出这样一个题目，其实最主要的目的，是想考察一下应聘人员的团队合作意识。A、C 两组失败的原因在于他们没有合作精神，他们只顾自己工作，而忽视了队友的存在。

在上述案例二中，负责其他配件采购的业务员因不能很好地与生病的业务员合作，最终导致自己的工作也受到了严重的影响。其实，在一个公司里，几乎没有一件工作是一个人能独立完成的，大多数人只是在分工中担任一部分工作。公司的整体运作只有依靠全体职员的相互合作、互补不足，才能顺利进行。因此，在职场中，老板需要的并不是蛮干的员工，而是巧干的员工，所谓的巧干，就是和周围的同事团结合作共同完成一份工作。一个缺少合作精神的员工，虽然在短时间内可能会给公司带来效益，但他绝不可能给公司带来长远的效益。所以，大多数的公司宁愿要能力一般、合作意识强的员工，也不愿意要能力很强、合作意识差的员工。

培养合作意识，要做到以下几点：

1. 不要争强好胜。逞个人威风、争强好胜是很多年轻员工的通病。许多初入职场的员工认为，刚工作时一定要突出自己的能力，只有这样才能坐稳自己的位置。因此，在工作中，为了显示自己与众不同，他们往往不顾实际情况，也不考虑其他员工的想法，抢在同事面前“出手”。但他们没有想到“欲速则不达”、过犹不及，处处锋芒毕露只能引起同事的反感。事实上，一个人的工作能力不管有多强，如果没有其他同事的配合，很多事情是不能完成的。

2. 团队利益至高无上。古语说：“皮之不存，毛将焉附？”21 世纪是一个合作至上的时代。所有事业都要依靠团队的合作。依靠个人的力量已经不能取得什么成就了。在团队之中，一个人与整个团队相比是渺小的，太过计较个人得失的人，永远不会真正融入到团队之中。做到团队利益至高无上，就是要个人的行动必须与团队的行动相一致，要有整体意识、全局观念，要考虑到整个团队的需要，并不遗余力地为整个团队的目标共同努力。

3. 不做“孤家寡人”。在公司里，有些员工不愿也不懂得与其他同事合作。由于他们没有合作意识，他们在工作中往往一切以“我”为中心，听不进老板的指挥和同事善意的建议。当其他同事遇到工作上的困难时，他们也不愿意伸出援助之手。这种行为是错误的，这样做，只会把自己推到同事们的对立面，使自己成为“孤家寡人”。正确的做法是主动融入到团队中，在工作中不要把“你”“我”“他”分得太清楚。

4. 让自己对团队充满归属感。清楚整个团队的奋斗目标，积极参与团队的工作讨论、目标规划，以主人翁的心态积极主动为团队的利益着想。

情商测试答案及结果评估

【测试答案及计分方法】

按照计分标准，先算出各部分得分，最后将各部分得分相加，得到的总分值即是你的最终得分。

第1~9题，回答A得6分，B得3分，C得0分。

第10~16题，回答A得5分，B得2分，C得0分。

第17~25题，回答A得5分，B得2分，C得0分。

第26~29题，回答“是”得0分，“否”得5分。

第30~33题，从左至右分数分别为1分、2分、3分、4分、5分。

【结果评估】

90分以下：EQ较低。

你常常不能控制自己，极易为自己的情绪所影响。很多时候，你容易被激怒，因而大发脾气。这是非常危险的信号——你的事业可能会毁于你的急躁。

90~129分：EQ一般。

对于一件事，不同时候你的表现可能不一。你虽然具有一定的EQ意识，但这种意识不是常常都有，因此需要你多加注意、时时提醒。

130~149分：EQ较高。

你是一个快乐的人，不是胆小怕事的人。你为人正直，坚持正义，同情弱者，关心同事。你对于工作十分热情，敢于负责。

150分以上：EQ高手。

你的情商不再是你事业的阻碍，你很有可能借助你的情商在事业上大有作为。

智商　情商　逆商

A D V E R S I T Y   Q U O T I E N T

第三部分

逆商（AQ）

写了一天的报告忘了保存而丢失，你又气又愁，恨不得从楼上跳下去；被老板训了几句，你愤愤不平，以致一整天没有开口说一句话；同事打了自己的小报告，你悲从中来，连续几天都难以平复坏情绪；跟客户谈判没有成功，你一路担心该如何向老板交代，大有世界末日来临之感……这些事情是否也曾发生在你的身上呢？你是否被它们困扰过呢？

在职场中，遭受挫折、失败和打击等失意之事是难以避免的。有的人在遇到困难或重大挫折时，能够迅速转变沮丧、痛苦的心情，并最终战胜困难和挫折，挺过来开始新的发展。但有的人则一蹶不振、自暴自弃，致使职业发展从此跌入低谷。为什么不同的人遭受挫折后的恢复能力有着如此巨大的差别？原因就在于逆商不同。

逆商是职场人士必不可少的修炼。逆商就像“盾牌”，它能让你轻松面对各种职场困境：工作繁重带来的压力、同事关系微妙带来的烦恼、老板的批评指责带来的郁闷、客户的误解带来的困扰、职位无法晋升带来的迷茫、薪水无法增加带来的无奈……凡此种种，有了这把“盾牌”，你就可以越战越勇，所向无敌。

逆商(AQ)测试

该测试为德鲁克职业咨询专家测试逆商所用的测量工具之一。每题有三个选项，请在下列选项中选择与你最为相似的选项。

供选项：A——是；B——不确定；C——不是。

1. 我不难相信别的同事或朋友，也很容易跟同事、朋友建立友谊。
   (　　)
2. 公司新规定新制度的颁布和实施，是顺理成章、势在必行的事。
   (　　)
3. 每次在工作中遇到挫折和失败，都会使我长时间感到极度沮丧。
   (　　)
4. 在我的薪水不高时，照样手头总感到宽裕。(　　)
5. 我对生活中某些团体有贡献（如家庭、学校、公司、社区等）。
   (　　)
6. 我步入社会后路途坎坷，屡遭白眼。(　　)
7. 我对自己在工作中实现既定目标的进度感到满意。
   (　　)

8. 对职业发展来说，明智比运气更重要。(　　)

9. 运气的来临归功于往日的努力。(　　)

10. 如果锲而不舍，最终会创出新的天地。(　　)

11. 接连遇到几件不愉快的事，我一次比一次感到苦恼。(　　)

12. 对我来说，适应新环境是不难的，比如转学、调工作、搬家。

(　　)

13. 与性情不同的人一起工作是活受罪。(　　)

14. 原定加薪有我份，公布名单却换了别人，此时我能坦然以对。

(　　)

15. 朋友带来一个令人讨厌的人，我感到气愤。(　　)

“逆商测试答案及结果评估”见本书第260页。

第一章

面对危机，敢于应对

职场危机无时无处不在。面对危机，敢于应对者胜。

职场中会有一个个“艰难之山”，你需要做的不是放弃和逃避，而是勇敢地迎上去，勇敢地跨越“艰难之山”。一个优秀的员工不会被困难所吓倒，他不会害怕坐“冷板凳”，也不会害怕企业一时的困境，不会害怕种种打击与非议，他总会勇敢地面对，勇敢地迎接。

每次危机都是一次磨难。磨难造英雄。经得住磨难，你身更强，志更坚，经验更丰富，天地更广阔，只要坚定地走下去，你一定能取得大成功。

面对危机，你要调动你的全部逆商，保持昂扬斗志，充分发挥自己的潜能，相信奇迹一定会出现。

当你坐了“冷板凳”

很多人都可能经历过被冷落的日子，都可能遇到过这样的几种情况：老板安排你做一些你不情愿做、其他人也不愿意做的工作，因为这些工作一般都没有快速提升的机会，个人施展的空间很小，而且总是“出力不讨好”；虽然有不错的职位，但老板很少给你安排实质性的工作，实际上就是架空了你的权力；从主管职位降为庶民，新领导对你不冷不热，也不给你安排具体工作，从此“英雄无用武之地”；刚到一个新单位，老板不重视，同事不熟悉，每天尽是做一些打杂的“保姆”类小事……这些职场中的糟糕境遇通常被我们称之为坐“冷板凳”。

坐“冷板凳”的日子不好过——备受冷落，满腔抱负没有施展的机会，参与不到核心工作当中，每天做一些跑腿打杂的小事情，所做的工作没有任何锻炼的机会，看不到“出头之日”。

谁也不希望在职场中被罚坐“冷板凳”，谁都想成为老板欣赏的“爱将”、公众瞩目的主角，希望在广阔的舞台施展拳脚、有所作为。“冷板凳”谁都不想坐，但有时候却是难以避免的。很多人在坐上“冷板凳”之后，大多都表现出失意落魄的状态，一副无精打采、灰心失望的模样。整天情绪低落、态度消极，从此工作不再认真负责，而是敷衍了事。上班迟到，下班早退，过着“做一天和尚撞一天钟”的日子。而有的人则能在“冷板凳”上反思自己的不足，思考如何进步的良方，奋发图强，努力工作，最终摆脱“冷板凳”，成为企业炙手可热的人物。

案例一：

董宾在公司干了一年，却一直没有得到提升。他觉得老板不懂得爱惜人才，总是安排他做一些无关紧要的闲差，说他缺乏经验，需要慢慢来。

但是董宾觉得自己完全可以比那些老同事做得更好。这使他十分烦恼，他又不好意思向老板提出自己的想法。最后，他决定向老板提出辞职。他想老板一定会挽留他，那样，他就可以大胆地说出自己的想法了。当他把辞职信递给老板的时候，老板只略略地看了一眼，对他说："你去把这个月的薪水领了，另谋高就吧！"董宾感到非常恼火，就问老板："难道我的能力不能让你感到满意吗？"老板平静地说："一个人的能力不是靠自己说的，而是靠自己做出来的。如果你能再坚持一下，你就会有机会了。可惜，现在你只有离开了。"董宾只好悻悻地离去。

案例二：

李小雅大学毕业没多久，就应聘到一家公司上班。她每天的工作就是负责整理一些文件，然后交给业务部门的同事。这些琐碎的工作非常枯燥无味。但是小雅并没有怨言，她每天认认真真地整理文件，把工作做得井然有序。在整理资料时，她总是留心客户的详细情况。就这样，她整整做了两年。

后来，公司的业务进一步扩大，需要开辟一个新的部门，老板说要在公司内部选拔一位员工任总监。小雅鼓足勇气给老板递了申请，结果小雅被选中了。老板对她说："其实，我早就认可了你的工作成绩，这两年来，你虽然做着很零碎的工作，但你的工作热情和敬业精神一直都没有消减。就凭这点，你一定可以承担起一个新部门的重任。"

案例一，董宾因为得不到重用，就满腹怨言，从而使自己陷入烦恼中。当他无法排遣这种苦恼时，便想到了以离职来换取老板的重视。殊不知，公司不怕他辞职，因为总会有适合的人来代替这个位置。老板的话"只要你能再坚持一下，你就会有机会了"，他所缺少的正是耐性。

案例二，小雅是个极其聪明的女孩，在被老板安排坐"冷板凳"时，没有抱怨，而是利用这样的机会努力提高自己的工作水平，机会来临时，很快就得到了重用。从老板的话里不难看出，小雅所做的努力，老板是看在眼里的，所以机会来临时，他才会把重任交给她。

可见，即使你被安排坐在"冷板凳"上，只要你肯用心工作，老板还是会给你机会的，怕就怕你无法保持良好的心态，没有把“冷板凳”坐热的决心和耐心。

其实，所谓的“冷板凳”并不是像某些人想象的那样，坐上了就倒了大霉，从此以后一切机会都与自己无缘。由于社会分工不同，不同的人会做不同的工作，这就需要有些人做一些相对冷门的工作，或者不被委以重任。如果你因此而不用心工作，那么你就可能被淘汰。

坐“冷板凳”的过程也是追寻真理、大彻大悟的过程。“冷板凳”会教人坚强，教人成熟。只要有足够的耐心与能力，一旦时机成熟，便会成为炙手可热的主角。“冷板凳”对于弱者来说是绊脚石，对于强者来说却是垫脚石。

面对“冷板凳”，你该怎么办呢？

1. 摆正心态，自我激励。如果你觉得你现在所在的公司会给你很大的发展空间，你不妨就坐一坐“冷板凳”，并且用一种平和的心态去看待，不要总是以为自己不受重视，有时候也许是老板故意用这种方法来考验你，看你是否有经得住打击的良好心态。巴顿将军曾说：“成功的考验并不是你在山顶时会做什么，而是你在谷底时能向上跳多高。”“冷板凳”也是一种考验。只要你能平心静气地对待“冷板凳”，也许机会就在不远处等你。

2. 放低身段，容忍委屈。新人初入职场时，融入新环境是很难的，你会发现自己受排挤。同事对你不友好，事事抱着不合作的态度。遇到这种情况，先反省自己是不是有做得不妥之处，也不妨直接去问对方或者是周边的人，至少别人可以看到你解决问题的诚意，在自己可以忍受的前提下适当放低身段。马云说：“人的胸怀是被委屈撑大的!”千万不要激化了矛盾，因为糟糕的人际关系对新人来说没有任何好处。

3. 对老资格员工多一些谦让。初入职场的新人最怕那些喜欢倚老卖老的同事，因为他们总是喜欢指手画脚。新主管到岗后也有可能遇到此种问题，有些老资历部属总是非常难以驾驭。其实，老资格们还是有一定话语权的，所以不要不满老资格们的“卖老”。

4. 向老资格员工学习。如果被“落单”，就要学会厚起脸皮，向老资格学习，多观察他们的工作方法和思考方式，要不耻下问，也许他们的指点就是你逃离“冷板凳”的良机所在。

不做职场“草莓族”

“草莓族”是近来比较流行的名词。所谓“草莓族”，主要是指那些表面上看起来光鲜亮丽、有着较为体面的工作、较为丰厚的收入，但内心却无比脆弱，承受不了挫折，团队协作能力差，在工作上缺乏积极主动性，容易产生自卑感，吃不了苦的人。一般来说，“草莓族”拥有高学历，对生活和工作抱着很高的期望。

这群人大多是“80后”、“90后”的年轻人。他们往往表现出低抗压性、低稳定性、挫折感强、注重外在、自私等一系列特征。“草莓族”工作责任感不强，敬业意识淡漠，心理承受能力差，老板“命令不得”、“说不得”，否则情绪就一落千丈，要么哭鼻子，甚至动辄请假、辞职。他们经验不足，能力不够，却希望刚进公司就被委以重任，而且要求老板给他们较高的薪水。

所以，不少老板抱怨他们“上班常常迟到，每天都要一觉睡到自然醒；薪水要得多；能力不强，自尊心却特别强，听几句稍微重的话就要辞职；工作一完成就想提前下班走人，想让他加班简直比要他命都难”。

这部分人很少能够得到老板的赏识，毕竟没有公司愿为一个没有能力而心理又脆弱的员工埋单。所以，如果你想在职场中占据一席之地，就不要做“草莓族”。如果你发现自己身上有“草莓族”的影子，就要坚决改正这些缺点。不然，久而久之，你可能会变成一个没人敢用的“草莓干”。

案例一：

出生于“80后”的小北是一个绝对新潮的人，永远追随着时尚的脚步，总是给人以全新的形象。但这些都不是她引以为豪的，值得她骄傲的是别人都说工作不好找，她却已经换过了好几份工作。原因有很多：老板训斥了她几句，同事冷落了她几天，工作太难完成，那个新上任的主管太严厉，她请病假公司不批准……所有这些都是她辞职不干的理由。她觉得这样的公司太苛刻，自己应该到条件更好的公司去发展。可是在她跳槽来到第八家公司之后，她的境遇依然如故。公司里的人都不愿意与她这个新人共事。她一旦有了过错，便会得到很严厉的警告。渐渐地，小北便有了一种被欺负、不受重视的感觉。终于，她无法承受这种打击，便又辞职了。这次她的理由是：“工作那么累，薪水那么少，同事那么冷漠，老板那么严厉，我为什么还要继续？”从此以后，再找工作时，她就有了一种恐惧感，觉得天下没有一家公司是适合自己的。

案例二：

林海是某著名大学的高材生，毕业后应聘到一家私营企业做总经理助理。他的业务能力很强，总是能比别人做得又快又好，因此，他也常常得到上司的赞赏。这给原本就心高气傲的他增添了炫耀的资本，他越来越不把其他人放在眼里。可是，人一得意就容易忘形，在公司的一次重要洽谈中，林海把用于谈判的一份核心材料落在了办公室里，给公司造成了不小的损失。总经理略带责备地说了他几句，他居然跟经理顶起嘴来，尔后，头也不回地离开了，把总经理晾在一边。不久，林海就被公司辞退了。

两个案例中的主人公内心都十分地脆弱，经不起任何打击，而且有非常强烈的自尊心。他们希望生活永远按照他们的意志进行，只希望别人看到他们的优点，如果别人对于他们的过错加以指责，他们就会失去理智，做出一些十分幼稚的举动。同时，工作中的一点点困难就把他们吓倒了，他们习惯于以辞职的方式逃避困难。

很显然，这样的员工是哪个老板都不愿去聘请的，即使他们有再高的学历、再强的能力，恐怕也没人敢去请一个一碰就倒、一捏就软的“草莓”。

职场不相信眼泪，企业也不是无私的慈善机构，老板和企业都没有义务为你的过错埋单。因此，作为职场中人，尤其是初入职场的新人，一定要学会坚强，练就一副金刚之身。如此，才能吃得苦，顶得住压力，才能成为企业的骨干。

由于“草莓族”主要是抗压能力差，不做职场“草莓族”首先要锻炼自己的抗压能力。可以从以下几个方面做起：

1. 培养正确的职业心态。遇事就抱怨会让你丧失最起码的责任心，也会逐渐削弱你的工作积极性。要摆正心态，认识到老板聘请你来是为了帮他解决问题，而不是制造问题，更不是遇到问题时就逃脱。

2. 把自己当成一个“空杯”。要学会放低姿态，虚心接受别人的建议，不断学习他人之长，从而让自己不断提升。

3. 要学会与人相处，处理好人际关系。不要因他人一两句不合心意的话而心生怨恨，记得多宽容别人，这是与人相处的一大法宝，也是让自己心情愉悦的关键。经常宽容别人能使自己的内心变得强大，也就不会再因外物而影响心情。

4. 坚定做“坚果”的目标。目标是一个人前进的动力，给自己定一个目标是十分必要的，这个目标就是——不要做“草莓”，而要做“坚果”。

不要一走了之

“走为上策”是三十六计中被普遍采用的计策之一，原因是它使用起来简单方便，风险较小。假设一下：如果有一天，你的老板告诉你，企业面临着前所未有的困境，你会选择怎么办？是一走了之，还是决定和老板共渡难关？

面对这样的问题，很多人可能会选择“走为上策”，因为他们觉得公司是老板的，出现了困境是由于老板经营不善，理应由他来负责一切后果。自己只不过是拿钱干活，既然这里没有前途了，肯定要另外找出路。这种想法也无可厚非，但是从另一个角度来说，如果员工能够把企业当成是自己的，在危急关头选择和老板一起面对，一定会有意想不到的收获。

现在的职场中，工作机会虽然相对多了，但如果没有与公司共发展、同进步的思想，也很难获得企业的认可。只有与公司同风雨、同心协力，真心诚意为公司的利益考虑，做出成绩，才能得到更大的发展空间。

大家看一下那些比较知名的企业：IBM、海尔、华为、联通……它们在发展的历程中并非一帆风顺，也曾一度陷入困境。在每一次艰难的时候，这些企业里的员工有的为了寻找更好的机会而选择了离开，有的却为了责任而选择留了下来。结果，这些选择留下来的人，一块齐心协力共同奋斗，最终让企业起死回生，步入发展的快车道。

公司是我们事业的船，我们每一个人都是这个船上的船员，共同肩负着船的命运。如果说老板是船长，那么员工就是船员，只有船长而无船员的船是一具空壳，只有船员而无船长的船则会迷失方向，只有二者配合，才能顺利地在充满危险的大海上航行。所以，每一个人都担负着公司兴旺的使命，只有将自己彻底融入公司，全身心地付出，处处为公司着想，站在公司的角度考虑问题，投入自己的满腔热情，懂得一荣俱荣、一损俱损的道理，才能与公司共同进步，获得双赢。

案例一：

老黄在企业已经工作了十几年。最近，企业遇到了发展瓶颈，出现了前所未有的困境，很多人选择了一走了之，可是老黄却选择了留下来，一如既往地工作。老板问他：“老黄，企业可能经营不下去了，别的员工都走了，你为什么要留下来？”老黄笑着说：“我已经上了年纪，又在这里干了十几年了，对这里已经有感情了。再说，我相信你一定有办法解决的，那么多的困难你都挺过来了，这一次也一定能。”老板的眼睛有些湿润，他说：“老黄，谢谢你，其实我已经在着手解决了，过几天公司就会恢复原样了。”从此以后，公司无论怎么裁员，名单里始终没有老黄。

案例二：

安健从一家公司到另一家公司，已经换了好几个职位，原因只有一个：上一个公司效益不好，他想通过换工作单位来改变自己的收入状况。就这样，一家又一家，到了现在仍然没有固定工作，更不用说较高的报酬。事实上，他是一个非常有能力的人，他工作过的公司老板都特别欣赏他，只是他总是感觉待遇不好，不断跳槽，以至于老板根本不敢把重要的工作交给他去做，到了最后他依然只是个小职员。

你是否在进入公司时就抱着一种不好就撤的心理？你是否当公司遇到困难时，不去帮忙解决问题，而是想着如何尽快脱身？如果是这样，你就应该好好地检讨自己了，看一下自己是否已经融入到公司中，是否把每一件事情都当成自己的起点好好对待。

正如一个人的一生不可能一帆风顺一样，一个企业也有面临困境的时候。如果你的人生中遇到了困境，你会选择一走了之吗？智慧的人会坚强地迎接困难，战胜困境。那么，面对企业困境，“走为上策”也绝不是什么好对策。你应该认真想一想是什么因素导致企业面临困境，如果不是人为因素造成的，一定不要轻言离开。有些时候即使是人为造成的，你也要用发展的眼光来审视企业，衡量企业的命运和发展前景。

当企业面临困境时，不要用片面的眼光看问题，要以长远的眼光来审视全局，从自身的职业规划和企业的前景来综合考虑，不要盲目地选择一走了之，不然，也许机会就与你擦肩而过了。

当企业面对困境时，你的正确选择应该是：

1. 正确看待企业的发展。企业就是一部机器，运转过程中遇到一些问题是很正常的事，懂得修理才会让它保持快速运转。而每一位企业的人都是这部机器的修理工，如果在机器遇到故障时，修理工都一走了之，那么机器就只能沦为报废的垃圾。其实，困境并不意味着绝境，只要想办法都是可以解决的，即便真是到了所谓的绝境，不也有“绝处逢生”一说吗？可见，只要勇于面对，困难就会让步于信心。

2. 明确自己的职业发展规划。一个人的职业生涯是一个漫长而曲折的过程。在这个过程中，会有成功的喜悦，也会有失败的困惑，但是只要你坚定自己的目标，终有一天你会实现自己梦想的一切。如果你所在的企业是你职业生涯中非常重要的组成部分，那么无论它处于何种境地，你都要认真地考虑它对你产生的作用，不要人云亦云，要始终明白自己到底追求的是什么。

3. 保持一种责任感。责任是一个人必须面对的，作为一个企业的员工，你对于企业也有一份责任，你用你的劳动换取报酬，企业用它的运转为你提供报酬的来源，双方互相依存，缺一不可。所以你和企业是一个整体，你应该清楚地看到你对于它的职责，不要在它面对困境时，舍它而去，这样做，会让你的责任感日渐淡薄。学会承担是做成大事的开端，如此，你才能有更多的机会赢得成功。

敢于迎难而上

工作中遇到困难是难免的事，坚强的人选择迎难而上。怯懦的人却往往一味退缩，不敢面对困难，而是逃避困难，这其实是一种不负责任的态度，这种人终究难成大事。

假如上司交给你一项极富挑战性的工作，这项工作对于你来说是全新的，从未接触过的。同时，你没有经验可以借鉴，更没有指导者可以请教。而且，如果这个难题无法破解，你就会遭受众人的非议，甚至丢掉职位，那么，你会怎么做呢？你是寻找一个借口巧妙地推辞呢，还是勇敢地接过来？

假如在工作过程中，你遇到一个前所未有的难题，这个难题如果无法解决，就会使得你的工作无法进展，甚至足以毁掉你之前所取得的工作成绩，使得你近期的工作一败涂地，那么，结果就有可能遭到老板的训斥与责骂，甚或被炒鱿鱼。你是寻找理由逃避，让老板找其他人去做呢，还是迎着困难，大胆地往前走？

此时，你所担心的问题无非就是一个：如果失败，我该如何向公司交代？

针对上述问题，你能做的只有大胆地去尝试，勇敢地去迎接。不要告诉老板你做不到，你解决不了。在事情还没有结果之前就否定自己是十分愚蠢的。虽然彻底失败也是常见的，但失败并非罪过，重要的是从中吸取教训。失败的结果对于你的上司来说总是令人不满的，但是，他更关心的是自己的下属对于失败的态度，如果你能够及时地从失败中总结经验教训，找出导致失败的因素，从而在今后避免同样的错误发生，你的上司将不会对于你偶然的一次失败而耿耿于怀。

曹虹是国内一家著名软件公司的王牌销售人员。自2003年以来，她每年都为公司创造500万元以上的收入。这是个令人叹服的数字。

作为一个销售人员，无数的拒绝和挫折是一定要面对的。但是曹虹总是表现得很乐观。她戏称自己有三件法宝：勇敢、厚脸皮和手机。有了这三样法宝，她就可以做成任何生意。

2003年，曹虹把目标投向颇有实力的一家外企公司，希望他们购买公司的软件。当时，她和负责技术采购的首席信息员张林联系，可是，在一个多月的时间里，张林没有回过她一次电话。曹虹并不死心，一直不停地给他打电话，最后，张林终于不耐烦了，告诉她：“你就死心吧，我们是不会跟你做这笔生意的。”

曹虹有些失望，但是她并不绝望。她相信通过自己的努力，一定可以找到突破口。她调动起自己的所有资源和关系网，开始寻找别的方法。最后，她发现，这家外企公司的一家分公司曾经购买过公司的产品。曹虹联系到在他们分公司负责这笔生意的销售代表，恳请他帮忙。在曹虹的努力下，这家外企公司购买了自己的产品，这笔交易最后的成交额超过了200万美元。

故事中的主人公无疑是十分聪明的人，在面对困难时，她选择了勇敢面对，而不是畏首畏尾，让自己整日处于忧虑中。如果说困难是你无法避免的，那么为什么还要挖空心思去避开呢？要知道，它找上了你，就不会轻易地离开，既然你无法改变它存在的事实，为何不想办法加快它离开的脚步呢？

曹虹在这项任务中遇到了很大的障碍，但她以自己的坚持取得了最终的胜利。把每件任务当成自己唯一的追求，不达目的绝不罢休，调动起自己所有的储备和资源，寻求一切可能的帮助。没有这种破釜沉舟的决心，她就不可能做到今天的成绩。

任何工作都会遇到或多或少的困难，这是谁也阻挡不了的，这个时候，你应该做的就是迎难而上，而不是退缩和逃避。逃避只能让老板认为你不具备担当重任的意志力，还会觉得你缺乏挑战的勇气。如此，老板就不会把重要的工作交给你做，你也就丧失了晋升的机会。其实，把困难当成对自己的磨炼和修炼是比较明智的事。

当困难来临时，除了敢于去迎接，也要学会坚持。工作多年的职场人士，一般都会产生懈怠情绪，很多时候都感觉无法坚持下去了。原因有二：一是由于连续多年重复同样一种工作，失去了新鲜感，没有了当初的工作激情；二是由于感觉自己的工作无法获得突破了，再做下去也不会有什么成绩了。这个时候，很多人所采取的措施就是辞职、换工作，很少有人去坚持。但是看一下那些元老级的员工，都是在经历了这种职业的瓶颈之后，选择坚持下去，才有了后来辉煌的事业。相反，那些无法坚持的员工们，尽管他们跳槽之后找到了短暂的工作激情，但时间一长又会逐渐产生厌倦情绪，又开始感到难以坚持，于是不断地跳槽，不断地厌倦，始终找不到一个落脚点。这样的人想要做出一番成绩来，显然是不可能的。

汽车巨子李·艾柯卡有一句名言："艰苦的日子一旦来临，除了做个深呼吸，咬紧牙关尽其所能外，实在也别无选择。"事实上，只要在遇到困难时，你能耐心一点，坚持下去，就有希望获得突破，走出困境。

面对困难，你的做法应该是：

1. 接受困难。困难来到时，你应该平静地接受它，就像你接受一切美好的事物一样，用一种乐观的心态去看待它，也许它并不像你想象的那样坚不可摧。

2. 分析原因。接受了它之后，应该仔细分析一下它"光顾"你的原因，而不是任由它存在。如果你置之不理，它也许会变本加厉。所以，应该先正确地分析它存在的原因，然后想办法解决它。

3. 向有经验的前辈请教。比自己资历深的前辈是自己学习的榜样，也是指引你解决困难的导师。有了困难，真诚地向他们请教是一个明智之举。但是，在请教的时候，不要把问题完全推给别人去解决，而是要在请教的过程中学到解决的方法，并且亲自去解决难题。

4. 坚定信念。一个有着坚定信念的人，无论他面对怎样的困难，都会无畏无惧，勇敢接受。拥有一份坚定的信念，对于战胜困难来说，你已经成功了一半。

磨难造英雄

中国人自古以来就相信"时势造英雄"之说，其实，要成为英雄，除了机遇以外，更多的还有磨难。细数一下古往今来成大事者，哪一个不是历经磨难成就的伟业？远者如始皇嬴政，幼年时曾被囚禁于他国，后来灭六国才统一天下，开创了大一统的中国局面。再如清圣祖康熙一生平三藩、灭噶尔丹、远征沙俄，才成就了“康乾盛世”。纵使他们拥有至高无上的权力，也必经磨难才成为名垂史册的英雄。今者，此类人物不胜枚举：李嘉诚白手起家，经过数十年努力终成为华人首富；史铁生用坚强的意志对抗尿毒症的折磨，终于成为一名优秀作家。

所以，当你在工作中遇到一些挫折时，不要一味地唉声叹气，而要用积极的心态去对待。如果你能在逆境中保持乐观，无论今后遇到什么困境，你一定能够解决，你就是自己的英雄。做到了这些，还怕老板不给你提升的机会吗？还怕自己得不到重用吗？在磨难中成长，下一个“红人”就是你。

大学毕业后的小林原本以为凭借自己的高学历一定能找到一份不错的工作，可在现实中他四处碰壁，这让他极度灰心。但他是一个不服输的人，有些书生意气的他始终认为“天将降大任于斯人也，必先苦其心志”。所以，他还是一如既往地四处找寻，终于，在经过了数次的失败之后，他应聘到了一家大型的贸易公司。在这里，他努力工作，期间，也遇到过很多困难，但他都凭借自己的智慧和毅力挺了过来，那些所谓的磨难都没能将他打垮，反而使他成长得更快。就这样，他一步一个台阶，最后进入了公司的高层。

在一次与老板的聊天中，他得知老板之所以重用他，就是看到了他有不怕困难的坚强精神。当时，在他的简历中有一句话“只有越挫越勇的人才有成功的机会，而我正是这样的人”，就是这句话打动了老板。后来的事实也证明了他的这句话。

谁都想做职场“红人”，但是成为“红人”却是需要经过磨难的洗礼的。

一位企业高管在描述自己心中的“红人”员工时说：“我们所急需的人才是在磨难中意志坚定、有毅力、有耐心的人。这样的人做事全力以赴，不达目的誓不罢休，因此他们获得成功的几率就非常大。”

成功除了要有才学之外，还要具备在磨难中生存的能力。同时，这也是为什么有相当一部分人天资过人，却最终一事无成的原因。他们的致命弱点就是缺乏在磨难中奋起的勇气，他们遇到一点困难和阻力就打退堂鼓，裹足不前，这样的人虽然头脑敏捷，但却最终会被困难打垮。

工作中碰到问题和困难是在所难免的，有的人能主动寻找方法，解决问题，而有的人则无视问题的存在，或逃避问题，或将问题推给老板或同事，不敢承担责任，害怕受到责罚。这种心态对于事业的发展是极其不利的。一个优秀的员工应该时刻以解决问题为己任，要懂得为企业解决问题才是自己价值的体现，要清楚“磨难出英雄”。一件谁都能做得了的工作是无法让人发现你的价值的，只有在别人做不了的困难任务中，我们才能凸显自我的价值，从而得到职业发展的机会。

所谓“不经一番寒彻骨，怎得梅花扑鼻香”，当你在职场中遇到困境时，一定要学会面对，这样，你就会有成功的可能。建议如下：

1. 主动向老板提出做一些高难度的工作。温室中难以长成参天大树，到困境中去磨炼是晋升的一大捷径。所以，主动提出做一些有挑战性的工作，是对自己职业发展的极大推动。这样做不但会让自己得到锻炼，还会让老板坚信你是一个能吃苦、有能力的人。那么，成为“红人”的机会就近在咫尺了。

2. 在困境中保持良好的心态。首先，要正视遇到的困难。困难并不可怕，关键是看你如何对待。只要你敢于正视困难，那么，一切困难都会成为你前进的动力。其次，要相信自己。一个有自信的人，是不会轻言放弃与失败的。他始终相信自己可以渡过难关，因为人的潜能无限，而自信则是激发潜能的发动机。最后，要保持乐观的态度。乐观是一种优秀的品质，是从磨难中走出来的法宝。拥有乐观心态的人往往比别人更容易成功，更重要的是它会让你改变对于事物的认识，更加理性地面对生活与工作。

3. 寻找渡过难关、解决问题的方法。面对困难不能退缩，要积极地寻找解决问题的方法，哪怕最后失败了，也比一开始就束手就擒、被动等待要强得多。

不要当个“穷忙族”

有人戏言这是一个“穷忙族”的时代。随着社会的发展，职场中有越来越多的人成了“穷忙族”，他们朝九晚五，像勤劳的“驴子”一样不停地围着工作转，手机24小时开机，每天忙得晕头转向，经常加班到深夜，甚至牺牲休息日赶任务。然而，他们仍然总是囊中羞涩，钱袋瘪瘪。所谓的“穷忙族”不仅仅指那些每个月挣的工资只够维系生活的人，也涵盖那些有着一定丰厚薪水却总是“月光”的人。这些人的共同特点就是每天都在忙碌，但依然无法摆脱贫穷。对于他们来说，上帝似乎有些不公平，付出的多，得到的回报却不能尽如人意。

其实，所谓的“穷忙”，也并不是指单纯地靠赚钱来满足生活消费。他们也有更多的理想，希望通过自己的努力寻找到更多的机会，实现自己的人生价值，只是现实的生活总是与理想背道而驰，为了填补生活空虚而肆意过度消费，再投入到忙碌的工作中，于是就陷入了循环往复的“穷忙”之中。

这种现象是困惑职场人士的一大难题，给很多人的工作带来了负面影响，不但造成工作态度消极，情绪低落，而且工作效率大大降低。

案例一：

刘捷的工作是销售。作为刚刚踏入职场的新人，他很勤奋，总是自动加班到深夜才下班。销售是需要与人打交道的行业，底薪不高，更多的收入靠的是业绩。为了多一些客户，刘捷不得不常常向一些资深的前辈请教，希望能够提升自己的能力，获得更大的业绩。可是，总不能要求人家白白地传授你吧，起码请客吃饭还是要有的，而且请客的地方也总不能太寒酸。这样一来，一个月的工资就要花去相当大的一部分。其次，作为销售对象的客户，也是必须请的，否则就不可能有业绩入账。这样，刘捷每个月的底薪还不够这些请客的花费，加之，他是个上进心特别强的人，每天总是忙到很晚才离开办公室，这种义务式的加班也没有加班费。如此下来，刘捷一个月基本上都是口袋空空，真算得上是又穷又忙了。

案例二：

钱先生是一家大公司的主管，薪水很丰厚，可是他却称呼自己为“穷忙族”。为什么呢？原因很简单，平日里他比较注重个人形象，于是买名牌服饰就花去了很大一部分收入。再加上各种应酬，一个月下来工资往往所剩无几，他只能自嘲地称自己为“高收入的穷忙一族”。

在这两个案例中，虽然两个人的收入、职位有很大的差距，但不可否认的是，各自的生活都需要大量的开销，无论出于何种原因，到最后两手空空。这告诉我们，收入与职位是可以有差距的，但是就生活本身而言，却都是一样的，富有与贫穷只是一种形式。我们可以想象一下那些财富堆积成山，却被累垮的富豪们，他们其实不也是“穷忙族”吗？

所以，“穷忙族”并不是只针对某个群体而言的。“穷忙族”并不需要自怨自艾，更重要的是如何让自己从这种困境中走出来。

怎样走出“穷忙族“？

1. 学会管理时间。管理好自己的时间对于“穷忙族”来说至关重要，合理安排工作时间，才能提高工作效率，获得更高的业绩与薪资，这是解决“忙”的关键点，也是解决“穷”的前提。

2. 纠正交际观念。人与人之间的交往是一门学问，并不是请客吃饭、礼尚往来这么简单。多数人成为“穷忙族”往往因为在这一方面花太多钱，才导致经济的拮据。其实，如果你能够注意交往的质量，很多时候你不需要花太多的时间和金钱在这上面。一次有意义的交往过程胜过十次无意义的吃喝宴请，用心为你的交往创造环境，你会收到事半功倍的效果。

3. 做好职业规划。“穷忙族”之所以穷忙，原因是很多人没有规划好自己的职业生涯，对于工作没有目标性，当公司调整战略时，他们常常措手不及，导致工作失误、境遇急转直下，此时他们开始忙碌地加班加点以完善自己的工作，而薪水依然停留在原始的状态，自然就越忙越“穷”了。

4. 不要依赖盲目消费排解压力。一些“穷忙族”往往通过疯狂购物来排解压力，虽然这可以带来短时的刺激，但是消费之后，空瘪的口袋会让他心里感到失落，于是，为了花钱就要再去拼命赚钱，这样就导致越忙越“穷”。其实，还有很多健康的方式可以调节压力，比如唱歌、跳舞、找人倾诉、运动等。

5. 不断给自己充电。时代的发展要求人们不断更新自己的知识，给自己充电，才能不落后于企业发展，才能获得高薪。而“穷忙族”薪资水准无法和付出成正比，他们为了养家糊口，甚至要兼好几份工作，没有时间和金钱投资自己，于是形成恶性循环。其实，相对于每个月的捉襟见肘来说，通过充电达到升职和加薪的目标还是很值得的，所以，要摆脱“穷忙族”的命运，就要不断给自己充电。

“被辞退”不可怕

“你被辞退了!”这是所有职场中的人都不愿听到的一句话，而这恰恰也是老板不愿意常说的一句话。试想一下，你在某家公司工作了若干年，突然被老板炒了鱿鱼，这时，你的心情肯定是无比郁闷的。在一个公司工作了很多年，就是没有功劳，也有苦劳，而此时老板的狠心让你觉得寒心，你一定会愤恨地抱怨老板的残忍，也同时会为自己的将来感到担心，不知何去何从。

时下，经济危机的冲击让企业遭受到了前所未有的创伤，有些企业为了减少开支，便纷纷辞退员工，以期安全度过这个萧瑟的“寒冬”。在这个过程中，一些平时表现优秀的员工肯定会被企业留下来，而那些业绩不好、没有为公司创造出什么价值的员工自然就被列入辞退名单。此时，那些被辞退的人就面临着暂时失业的危机。有的人能够坦然面对，而有的人则惊慌失措、怨天尤人。

其实，“被辞退”并没有那么可怕，这并不代表你不优秀，也许只是你不适合在这个公司待下去，到了另一个地方，你依然可以干得很出色。当你面临被辞退时，你不妨静下心来想想原因，这样即使无法改变结果，也会吸取教训，让你在面对下一份工作时更加从容、成熟。

案例一：

2008年，经济危机冲击了某一大型企业，钟小姐就在这个企业上班。她在这家企业工作了将近7年，薪资丰厚，虽然工作成绩一般，但进步却是显而易见的。老板平时自然也少不了夸奖几句。在这次的经济危机中，企业人事部传来消息，企业近期要裁员，理由是受危机影响，企业效益急剧下滑，如果不裁员，企业将面临倒闭的危机。员工们都惶恐不安，生怕被辞退了。钟小姐却非常自信，她认为自己怎么也算是老员工了，再怎么裁员也不可能轮到自己头上。然而，不久，她就接到了公司的辞退书。她心里很不是滋味，她自认为自己的工作能力还是比较强的，公司里很多能力不如她的人都没有被辞退，为什么偏偏是自己呢？钟小姐很不服气，她逢人便抱怨企业老板太残忍。这种心态导致她非常被动，在接下来的找工作过程中，她屡遭失败，原因是一些小公司她看不上，一些有实力的大公司人家又看不上她。就这样，她很久都没有找到工作。

一年后，她还赋闲在家。她总是很自信地认为不久就会有一家大公司通知她去上班了，然而一天天过去了，还是没有人聘用她。

案例二：

宋先生是公司里新来的大学生，高学历的他总是希望快速得到提升，可令他意外的是，仅仅五个月后，他就被辞退了。他怎么也想不通其中的原因。他怀疑有人故意与他作对，于是他找到领导希望可以知道事情的原委。领导在听了他的陈述之后，感慨地说：“小宋啊，没有人要与你为敌，和你作对的人其实是你自己，你有能力也有上进心，这些我都很清楚。可是你总是看不起别人，公司那么多的前辈，你都不放在眼里，他们没有你的学历高，可是他们摸爬滚打这么多年，经验远在你之上，你不可以轻视他们。以后无论做什么，都要看到别人的优点，而不要目中无人。”宋先生听完之后，深深地向老板鞠了一躬，并且说：“我要谢谢你将我辞退，因为你让我发现了自身的不足。”接下来，他开始改正这些不足，很快，他就在另一家公司谋到了个不错的职位。

通过这两个案例，我们清楚地看到，钟小姐和宋先生都遇到了职业发展的困境，他们被辞退的原因虽然不同，但其实质却是一样的，都是不符合企业的发展需求。然而，这两个人的态度却截然不同：钟小姐被辞退后，不思进取，不思悔改，以至于迟迟找不到工作。宋先生则看到自身的不足，并努力改正，终于找到了下一份工作。

由此看出，被辞退并不是什么大不了的事，只要你能明白被辞退的原因，在以后的工作中避免这样的错误，这就是一种收获。如果你能够把被辞退当做人生的一种经历来看待，你就会发现，很多事情并不像你想象的那样糟糕，被辞退并不是最可怕的。最可怕的是，被辞退了却无法摆正心态，怨天尤人，不思进取，不去寻找自身的原因。如果是这样，即使你又有了什么样的机会，你也不会有什么作为。

如果你被老板辞退，你该怎么办？

1. 正确看待“被辞退”。要理清自己的认识，清楚这是职场中无法避免的事。同时，你也要认识到，这并不是一件多么丢人的事，只要摆正心态，相信自己，下一份工作就在不远处等着你。

2. 如果不想走，就要在认真反思自己之后，以诚恳的态度，为自己争取一次“重来”的机会。就是还在老企业重新应聘，再从试用期干起。这样就需要你去说服老板从经营成本和员工对企业的忠诚度考虑，再给你提供一份新的《劳动合同》，让老板认识到你之前做过的贡献和改过自新的诚意。如果老板认为你不是工作态度或职业道德的问题，而是工作方法出了问题，老板或许就会考虑再给你一次机会。毕竟，企业本身也不愿意在你身上扔进了成本之后再放弃你。

3. 学会分析。在你不幸被辞退之后，不要一味地抱怨，因为这是于事无补的。你应该静下心来分析一下其中的原因，为以后的工作做好准备。

4. 改变自我。被辞退一定是有原因的，是你不可能去改变现实，但是你可以试着去改变自我，让自己更加适应环境，机会就会向你招手了。

5. 和企业好聚好散。不要在离开之后对企业大放厥词，这种行为本身就反映出你没有良好的心态，而且只能使事态更往恶化方向走。如果你改换一种方式，要求老板为你提供别的更适合你工作的机会，或给你写一封推荐函到他熟知的另一个企业去干，这种请求并不难为老板（当然你也必须值得推荐），而且老板还可以借此做个顺水人情，一般是不会拒绝的。

第二章

改变就有转机

一个人的失败很多时候是因为不懂改变造成的，当一件事无法解决的时候，就要懂得另寻出路。消极悲观、怨天尤人无济于事，只有改变自我才是解决问题的正道。

职场逆商高手敢于承认失败，迎接失败，并且越挫越勇，从不放弃希望，所以，他们是人们佩服的职场勇士。

不要祈求社会因你而改变，社会快速发展的步伐不会去等你的脚步；不要奢望工作十全十美，不会碰到一点麻烦。你只有视环境而变化，才能跟得上社会的发展。

“山不过来，我就过去”

有这样一则故事：一天，有人让一位会移山大法的大师当众表演一下他的移山绝活。大师在一座山脚下坐了一会儿，又起身跑到山的另一面，然后说：“表演完毕。”众人都感觉莫名其妙。大师道：“这世上哪有什么移山大法，唯一能够移动山的方法就是：山不过来，我就过去。”

工作中，也有很多事情像“大山”一样令我们无法改变，但我们可以改变自己——改变自己的态度，改变工作的策略。当问题无法解决的时候，我们就主动采取措施去解决。等待和抱怨都无济于事，只有改变自我才是解决问题的正道。

只要能转换思维，主动采取措施去解决，换个角度考虑问题，你的事业之路一定会柳暗花明又一村。

刘敏在大学时成绩不错，多才多艺，为此，她对自己的前途充满了信心。大学毕业后，她被分配到了一个偏远的山区当老师，这里不仅条件差，工资更是少得可怜。这是她之前从来没有想到的。对此，她感到极为压抑，工作积极性也不高，整日郁郁寡欢，以至于工作上也毫无起色。于是，为了宣泄郁闷的情绪，她只有通过写作来打发烦闷的日子。同时，她还整天琢磨着跳槽，找朋友，托关系，结果折腾下来，还是没有找到好的出路。

就这样，两年过去了，刘敏不仅没有成功跳槽，连这份工作也没有做出什么成绩，而且，在工作中遇到困难时，她也是能躲就躲，能拖就拖，她常想：“那么积极干什么，学校又不给我多开一分钱。”当跟她一起工作的同事取得优异的成绩时，她也不屑一顾，更没有积极追赶的心态。

然而，有一件事却改变了她的态度。

一天，学校开运动会，附近的村民也都来观看，小小的操场被围了个水泄不通。她来晚了，站在后面，踮起脚也看不到里面热闹的情景。她心里开始抱怨自己为什么没有来得早一些。这时，她见一个很矮的小男孩一趟趟地从远处搬来砖头，在那厚厚的人墙后面，耐心地垒着一个台子，一层又一层，足足垒了半米多高，他才登上台子，看到操场里面的场景，掩饰不住成功的喜悦和自豪。他冲刘敏粲然一笑。

刹那间，刘敏的心被震了一下。小男孩在无法看到里面的场景时，知道用砖垫在脚下。当他知道无法改变环境时，知道改变自己的高度，而不是站在人群外如她这般做无谓的抱怨。想想自己这些年来的所为，她真替自己感到汗颜。一个小男孩都知道主动去改变，自己为什么就不能改变自己呢？

从此以后，她努力改变自己的心态，不再消极悲观，遇到困难时，不再逃避抱怨。她满怀激情地投入到工作中，以主人翁的心态去工作，把学校当成自己的家。她变得热爱自己的工作，热爱自己的学生，一年后，她取得了很大进步，成了学校先进教师。同时，她利用业余时间创作了多部作品，成为当地知名的作家。两年后，她曾经的愿望实现了——被调至自己颇为喜欢的一所中专学校。

案例中的主人公之所以最后能够适应环境，做出成绩，就在于她在逆境中懂得改变自己——改变自己抱怨的心态，改变自己工作的习惯。在遇到事业瓶颈及挫折时，开始时的她只知道一味地抱怨，后来在小男孩的启发下，她开始试着改变自我，终于获得了良好的转机。如果她一直陷在“工作不如意”的泥淖中，在自我设限的思维中消极地工作，也许她就永远不可能有后来的转变。这种转变正是“山不过来，我就过去”——当山无法撼动时，我们就转到山的另一面，这样才能看到一番全新的天地。

我们在追求目标的过程中，难免会遇到困难，碰到瓶颈，也一定有“头撞南墙”的时候。现实中好多事情是我们无法改变的，或是暂时不能改变的，如果原地踏步，一味抱怨，不但解决不了问题，反而会使问题越变越糟。只有我们适时地改变自己，适应环境，事情才可能有转机。

在英国威斯敏斯特教堂，有这样一段话写在圣公会主教的墓碑上：

当我年轻的时候，我梦想改变整个世界。

当我渐渐成熟的时候，我发现这个世界是不可能改变的，于是我将眼光放得短浅了，那就只改变我的国家吧！但是这也似乎很难。

当我到了迟暮之年时，我抱着最后一丝希望，决定只改变我的家庭、我亲近的人——但是，唉！他们根本不接受改变。

现在，在我临终之际，我才突然意识到：如果起初我只改变自己，接着我就可以改变我的家人。然后，在他们的激发和鼓励下，我也许就能改变我的国家。再接下来，或许我还可以改变整个世界。

我们不能改变环境，却可以改变自我；我们不能改变天气，却可以改变心情。学会改变会让你的事业拥有一片新天地，这种改变是从杜绝抱怨，改变自我的心态，培养积极乐观的工作态度开始的。当你不再抱怨公司，抱怨老板，抱怨同事；不再推卸责任，不再寻找借口；不再退缩，不再拖延时，你就拥有了战胜自我、战胜困难的勇气，这就是你事业成功的最大资本。

不要祈求社会因你而改变，社会快速发展的步伐不会去等你的脚步；不要奢望工作十全十美，不会碰到一点烦恼和困难。你只有视环境而变化，才能跟得上社会的发展。如果你改变不了环境，也不想改变自己，那么你被环境所淘汰就是必然的。因此，我们在工作中要有“山不过来，我就过去”的坦然心境。

1. 学会自省。有些时候，我们的郁闷主要来自我们内心。只要我们换个角度重新审视问题，换种方法重新处理问题，结果就会不一样。

2. 学会放下。当我们处于工作事业逆境中的时候，把一些权力欲、成功欲等先放下，踏踏实实做事，不求索取，我们就会发现，其实事情远没有我们想象的那么难。

3. 换个角度。在工作中遇到困难或者做错了事，如果你没有去深刻认识自己，不懂得换个角度看问题，只会一味地抱怨，不但于事无补，反而会让你陷入一种危机中。如果事情无法改变，就先改变自己，换个方式，换个心态重新审视问题，也许问题就能迎刃而解。

与其坐着等死，不如站着求生

有这样一个故事：

一个农夫牵着驴在夜晚行走，不慎驴跌到了一口枯井中。农夫对这头驴很有感情，他迫切希望自己可以把驴救出来。但是这口枯井很深，农夫想尽一切办法，都不能达成心愿。最后农夫决定放弃，因为这头驴已经十分衰老了。不过，农夫不忍心让驴就这样在荒郊野外痛苦地死去，于是他找来附近的村民，让他们帮忙把驴给埋了。

可怜的驴或许是预知到了自己的死亡，所以当泥土落在身上时，它不停地悲鸣。农夫听到驴凄惨的悲鸣声，心中很难受。他希望可以尽快解除驴的痛苦，于是他催促大家不断加快填埋的速度。过了一会儿，驴的悲鸣声渐渐消失了。起初农夫以为是铲土的声音掩盖了驴的声音，所以并没有太在意。可是当驴耳朵出现在众人的视线当中时，所有的人都惊呆了。众人对驴的“上升”都大惑不解，于是有人试探着往井中又填了几铲土，大家惊奇地发现：当泥土落到驴的背上时，它会迅速地将泥土抖落掉，然后站在身下的泥土堆上，并且用力地踩两下……所有人都被这神奇的一幕惊呆了。从惊诧中清醒过来后，所有的人都开始奋力地往井中填土。很快，驴就上升到了井口，在人们欣喜的目光中，它一跃跳出了枯井。

身处困境中的这头驴在生命即将结束的时候没有坐以待毙，而是利用条件创造生存的机会，最终为自己赢得了生的权力。

在职场中，我们有时候会陷入“枯井”中，并且会有各种各样的“泥沙”坠落其中。要想从“枯井”中脱困，要想不被“泥沙”掩埋掉，我们就要像这头驴一样，将“泥沙”从身上抖落，并且将之转化为脱困的垫脚石。

有些举动看似会致我们于“死地”，实则却有着别样的生机。只要我们以沉着、冷静的心态去面对，我们肯定能从中找到意想不到的助力。

在职场中，你完全可以学习一下枯井中的这头驴，当身处困境时，我们应该积极寻求解决的办法，创造一切条件化险为夷，而不是寻找借口逃避或是坐以待毙。

公司效益不好，每个部门都要裁员。行政部选来选去，最后决定把夏红和张凌裁掉。

得知消息后，夏红和张凌都很恐慌，她们都不想失去这个不错的工作机会。但是裁员是板上钉钉的事，两个人没有任何反抗的机会。面对困境，两个人都很绝望，但是她们毫无他法，只能被动地选择在公司里留守最后的一个月。

夏红想：反正我就要离开了，接下来的工作就没有必要再尽心了，干得再好也不可能改变这个局面，那我为什么要浪费精力呢！抱着“破罐破摔”的心态，夏红开始敷衍了事，对待最后的工作是能拖就拖，这样的行为严重影响了部门的工作。起初同事们还对夏红的遭遇很同情，可是几天下来，同事们就改变了这个想法，他们巴不得夏红赶紧离开。

张凌和夏红不一样。刚接到消息的时候，张凌也很绝望，对工作也是提不起任何精神。但很快张凌就摆脱了这种消极情绪，她想：虽然我要离开了，可是我也不能在最后的时间里带着这种消极情绪工作啊！要走也要给公司和同事留下好印象再走！虎头蛇尾不是我的行事准则，善始善终才是我应有的行为。有了这种好心态，张凌工作得更加卖力了。原本平淡无奇的一个人，仿佛焕发出了别样的光彩。张凌本来是个很低调的人，同事们对她的离去并没有什么想法，不过看到张凌在最后的时间还积极地工作，同事们不觉就改变了看法，他们开始舍不得张凌的离去了。

到了一个月的最后一天，张凌和夏红都收拾好了私人物品，正要去办理离职手续，这个时候部门主管出现了。他说：“我现在宣布一个公司决定：有鉴于张凌的良好表现，公司决定不对其进行裁处，并给予其工资上调 20% 的奖励。”

夏红在面对困境的时候，不是积极地寻找解决办法，而是消极地等待“死亡”，她这样的人，是不可能“起死回生”的。张凌则不然，面对困境，她不是消极地等待，而是积极地面对，所以最后她的重获生机是必然的。

职场似战场，有胜利，也有失败；有欢喜，也有失意；有赞美，也有打击；有顺利，也有坎坷。初入职场，被老板安排坐“冷板凳”；每天忙忙碌碌，还是两手空空；企业突遇困境，不知何去何从；突然被企业辞退，心灰意懒……这些都是职场困境。面对困境，你是躲在角落里继续做“忍者神龟”，还是想办法解决，做一个坚强勇敢的“变形金刚”？

在遭遇逆境时，有些人脆弱得经不起风雨。他们害怕失败，害怕打击，不敢为自己的失败埋单，更不敢承担任何责任，也没有积极解决问题的态度。他们有的只是抱怨，是逃避，是推脱。

而智慧的人敢于直面危机，勇敢地跨越“艰难之山”。他们不抱怨，不灰心，不失望，而是积极地寻找解决问题的办法。在哪里失败，就在哪里站起来。与其坐着等死，不如站着求生。他们以一种积极乐观的态度面对困境，敢于挑战，永不放弃。

信心决定成败，态度决定高度。有了敢于面对危机的信心，就有了成功的可能，有了积极乐观的态度，就有了胜利的希望。

职场不欢迎逃兵，只欢迎勇士。在困境中，不要让自己陷入绝望，只要你想办法，就一定会找到出路。

生活不是一帆风顺的，工作也不是毫无坎坷的，我们在人生旅途和事业道路中总会遇到挫折和困境。面对困境，我们不应该回避退让，也不应该长叹绝望，因为这样的行为不能解决任何问题，反倒会让我们在困境中越陷越深。我们的最佳选择，是沉着冷静、开动脑筋，只要理智对待、奋力拼搏，我们肯定能战胜困境，走出低谷。甚至会开创出不一样的成就。

抱怨只会令老板反感

“我的工作就是重复，重复，再重复，无聊透顶!”

“要不是为了养家糊口，我才不在这里干呢!”

“天天加班，人都要被折磨死了!”

“我工作业绩突出，而老板似乎看不到我的成绩，却相信那个只会拍马屁的小人!”

“工作快10年了，还是个小职员，哎!”

……

职场中，总听到一些人在抱怨，抱怨公司制度的苛刻，抱怨领导的不近人情，抱怨工作中自己遭受的不公平待遇……但是天下的事情没有十全十美的，一人难称百人心，一个领导不可能顾及所有人的感受，一个公司不可能把每个人的情况都想得面面俱到。所以，只会在抱怨中发泄不满、愤怒情绪的人，无异于自己给自己挖陷阱，不仅阻碍自己事业的发展，还会引起身边人特别是老板的反感。

案例一：

由于金融危机，公司效益下滑，员工已经两个月没有足额拿到工资了。最近，公司接到一笔较大的订单需要加班完成，但是老板开会说加班费不会像以前那样高了，不过以后他会补偿给大家的，希望大家能够理解，帮助公司共同渡过难关。尽管如此，还是有不少人在下面嘀嘀咕咕，牢骚满腹。有的说：“公司遇到困难，凭什么让我们员工承担?”有的说：“公司效益不好也不能克扣我们员工加班费啊!”

抱怨归抱怨，由于暂时找不到更好的工作，这些抱怨的人也就继续留在了公司。但是很显然，他们的工作积极性大不如从前。

这一笔订单完成后，公司的资金也能运转过来了。因此老板不仅补发了拖欠的工资，而且加班费竟然和以前一样分文不少！但同时老板告诉大家一个消息——公司要裁员。大家不解。老板解释说：“最近，公司效益不好，这是事实，可是我们既然还有订单，就说明公司还没有停滞不前。但是为了减少开支，现在必须要裁掉一部分人。我有两个月没有给大家足额发工资，一些人就三心二意。当我说加班费会比原来少时，更有一些人怨声载道。其实我是故意这样做的。我就是想看看哪些人适合留下来继续工作，哪些人是公司要淘汰的。被淘汰的这部分员工，并不是说明你们不优秀，而是你们没有用心工作。当公司遇到困境时，你们只会抱怨而不去帮公司想办法。公司需要风雨同舟的员工，而不是遇到困难就抱怨的员工。”

案例二：

露西上大学时成绩优异，毕业后被一家中美合资企业看中，开始了她的职业生涯。

露西雄心勃勃，准备大干一场。她的目标是5年内升为公司的部门经理。她发现公司制度有许多不合理的地方，因此常常向部门领导提一些意见，希望能得到改进。领导耐心地听了她的意见和建议，也表示会重视她的提议，近期去完善。可是，过来一段时间，露西却发现公司的规章制度和运营情况还是和以前一模一样，没有改变。她认为部门领导虽然虚心接受，但却没有做实质性的改动。

为此，露西感到很不满。她觉得领导既然对自己的提议是重视的，就说明接受了她的提议，然而却迟迟不做改动，这就是对她这样一个新人的不重视。

“为什么我的建议老板不接受？老板根本没有把我们这些人放在眼里？”露西不再向领导提意见，而是开始埋怨发牢骚。时间一长，她的工作满意度开始下降，工作也经常出错，因此多次遭到领导批评。同时，她的不良情绪也感染了公司的一部分职工，使这些人开始产生消极情绪，他们开始在工作中敷衍了事，频繁请假，有的人甚至辞职离去。而此时，露西还是没有注意到她的抱怨带给公司的影响，直到接下来的一件事才让她幡然醒悟。

一次，公司给一家合作单位发出去一批货物，结果，这批货物被查出质量严重不合格，对方不仅全部返回货物，还向公司索要了一大笔赔款。后来，老板经调查了解到，这批货物正是那些经常私下里与露西一起抱怨公司的员工的“杰作”。老板气愤至极，立马解雇了露西。

抱怨是腐蚀公司的一大“蛀虫”，任何公司都反感爱抱怨的员工。因为这些消极的言论会像流感一样传染给其他人，产生极为恶劣的影响。一个人不管工作多么出色，只要有爱抱怨的毛病，老板就会对他产生不好的印象。

人在遭遇挫折和不公正待遇时，会产生种种抱怨情绪，这是一种正常的心理反应。但是，如果一个人长期让自己处于抱怨的环境中，总是把抱怨的矛头不断地对准别人，就会产生负面效应。

其实，抱怨对工作起不到任何促进作用，它不仅于事无补，还会让人产生“你无能”的感觉。一位伟人曾经说过：“有所作为是成功人士的追求，而抱怨则是无所作为的平庸之人的温床。”任何事情，即使再抱怨，也不可能解决问题，相反，只能徒增烦恼。

因此，与其抱怨，不如将这份精力用到工作中。当你做出了令老板惊叹的成绩，相信老板一定会对你刮目相看，那么你成为老板红人的日子也就来了。如此，你还用担心怀才不遇、英雄无用武之地、待遇菲薄吗?

世界上没有一份工作是完美的，它们都会有这样那样的缺憾，很多情况我们无法改变，但抱怨绝不是一个好主意。与其抱怨，不如改变——改变自己的心态，学会接受无法改变的事实，学会让自己保持一份平和，学会以努力换取成功的果实，而不是让抱怨砸碎心中的梦想。

其实，只要你努力工作，对公司忠诚，尽职尽责，公司的领导都会看在眼里，绝大多数领导还是不会埋没一个人才的。如今，很多才华横溢的人在公司得不到晋升，薪水得不到提高，就是因为他们有抱怨的毛病，自恃有才，认为自己大材小用，所以不愿意全力以赴，不愿意反省自己。试想，这样的员工哪一个领导会提拔？整日抱怨的员工只能让老板产生反感，对于个人的发展没有任何好处。默默无闻，尽职尽责，少发牢骚，多干工作，才是事业成功的正道。

抱怨不如改变。你完全可以将抱怨改为一种积极的行动，那就是改变现状。你可以去寻找那些值得欣赏的东西，赞美它，支持它，拥护它，理解它，你会发现结果将大不相同。你可以采取以下做法：

1. 学会与老板换位思考。你可以时常这样去想：换作我是老板，我会怎么做，是否会做得比老板更好？

2. 把抱怨的内容换成建议性的问题。对公司某些方面有不满或意见时，你应该采取给老板提建议的方式表达你的观点，而不是用牢骚和抱怨去表达不满。抱怨是一种消极的思维方式，而建议则体现了你积极的一面，说明你是从积极的角度来思考问题，来解决问题，而不是从消极的角度来推脱问题。

3. 学会在心里默念：“停止抱怨，努力工作。”如此这般反复强化记忆，你就能在以后逐渐改变抱怨的恶习。

4. 学会一些发泄愤懑的方法。如果你禁不住要发牢骚，就想想抱怨给你带来的利弊。不要不分场合、时间乱发牢骚。如果情绪实在难以平息，你可以找一个没人的地方去发泄。

永不放弃，就有希望

在美国，有一位电台主持人曾经被辞退过18次，她的主持风格曾经被人贬得一钱不值。但是凭着永不放弃的精神，她最终成为美国一家自办电视台的节目主持人，并且两度荣获全美主持人大奖。现在，每天有800万观众收看她主持的节目。她就是莎莉·拉斐尔。

她的事例被当做“永不放弃，就有希望”的典范而广为传颂。

贝多芬说过：“涓滴之水终可以磨损大石，不是由于它力量强大，而是由于它昼夜不舍地滴坠。”

司汤达也说过：“一个人只要强烈地坚持永不放弃的精神，他就能达到目的。”

上帝是公平的，它不会多给百万富翁一秒钟，也不会少给穷光蛋一秒钟。可是在现实生活中，为什么有些人会成功，而有些人会失败呢？其实原因很简单：恒心和毅力。拥有恒心和毅力的人，会面对挫折永不放弃，他们不放弃希望，所以他们往往能取得成功。

在工作中，我们遇到困难时，要坚持不懈、永不放弃地走下去，这样我们才能在工作中取得优异的成绩。如果我们遇到问题就放弃，那么我们永远都不能成为一名优秀的员工，更不要说干大事了。

我们只有永不放弃，才能在职场上取得佳绩，才能改变自己的命运，成就自己的梦想。

成周是一家保险公司的保险员，他骑着一辆自行车每天不停地到处推销保险。虽然很努力，但不幸的是，他的成绩始终是一片空白。

不过，成周并不气馁。即使再疲倦，晚上他也会抽出时间给白天访问过的客户写信，感谢他们接受自己的访问，并力请他们加入投保的行列。可是，任凭每一字每一句都写得诚恳感人，任凭他再努力、再劳累，还是没有收到任何效果。两个月过去了，他连一个顾客也没有拉到……

劳累一天回来，成周常常连晚饭也没有心情吃。长时间的努力没有取得一点工作成绩，这让他很受打击。一想到明天，成周就全身直冒冷汗。他在日记中写道：“从前，我以为一个人只要认真、努力地工作，就能做好任何事情。但是这一次，我错了，因为事实显然并不如此！……我辛辛苦苦地跑了68天，然而，却连一个客户也没有拉成。或许保险工作对我很不合适，不如换个地方找工作吧……”

妻子察觉到成周的动摇，就劝告他说：“不要放弃，就有希望！”成周听从了妻子的劝告，没有放弃工作，而是投入了更多的恒心和毅力。

成周想说服一个小学校长，让他的学生全部投保，但是校长对此毫无兴趣，并且一次又一次地把成周拒于门外。但是成周并不气馁，他一次又一次地往学校跑。当他第20次跑到学校的时候，校长终于为他的诚心所感动，同意全校学生投保。

成周成功了！凭借着坚持不懈的恒心和毅力，他终于在工作中取得了好成绩。从此以后，他更加坚持不懈地工作，成了一名著名的保险员。

成周的故事让我们明白：只有永不放弃，才能到达成功的彼岸。

如果我们一遇到挫折就放弃，那么我们只能束手待毙。

在现实生活中，不少人都缺乏坚持到底的精神。有些人看见困难掉头就走，生怕困难会把自己绊倒，他们连解决困难的念头都不敢有；有些人经不起一点风吹雨打，稍稍遇到一点问题就会打退堂鼓，明明再坚持一下就能把工作完成了，可他们还是会毫不“吝啬”地选择放弃。轻易地放弃，浪费精力不说，很多时候还会影响到正常的工作秩序。想想看，用这样的态度去工作，我们怎么可能会取得好的成绩呢！

要知道，每一份成绩都是来之不易的，每一项成就都是要付出艰辛的。对于想要在工作中取得成绩的人而言，不论面对怎样的困境，多大的失败，他都不会放弃最后的努力。

把职场中的成功者和失败者进行比较，我们会发现：其实他们各方面的能力相差并不大，不过他们对工作所持有的态度很不同。失败者对待工作没有恒心和毅力，总是很轻易地放弃了自己的工作；但成功者不同，他们会永不放弃地完成自己的工作，会坚定不移地朝着自己的工作目标努力。

有位哲人曾经说过：“只要我一息尚存，就要坚持到底，因为我已深知成功的秘诀：永不放弃，就有希望；坚持不懈，终会成功。”

所以，遇到困难不要轻言放弃，成功的希望总是有的，只要我们永不放弃、坚持到底，我们必将会捕捉到成功的希望。

1. 坚定自己的信念。没有任何成功是一蹴而就的，成功和苦难是成正比的，遇到困难的时候，想一想自己的宏伟理想，我们就会焕发出新的力量。

2. 让自己再多坚持一下。多坚持一秒钟，我们就会拥有多一秒钟的希望，努力让自己多坚持一下，或许，成功的希望就停留在下一秒钟。

3. 告诉自己“我能行!”。不要轻易地否定自己，工作不是猛虎，困难不是恶兽，工作中的困难并不会把我们打倒，遇到困难的时候暗暗鼓励自己“我能行!”。

自信心是能力的催化剂

自信心是指在不断超越自己的过程中，产生的一种源于内心深处的强大力量。说白了，自信心就是相信自己一定能做成自己想做的事，换句话说就是，遇到困难，从来不打退堂鼓。

自信心是积极心态的核心，它贯穿于我们所有心态的各个层面。当我们受到挫折感到悲观失望时，自信心会使我们重新燃起斗志；当我们感到孤独、焦躁时，自信心会使我们平静下来；当我们感到成功的喜悦时，自信心会使我们更加振奋……

自信心就像是能力的催化剂，它可以将人们的一切潜能都调动起来，将人们的各项“功能”都推进到最佳状态。自信的人在自信心的驱动下，敢于对自己提出更高的要求，能够在失败中看到希望。

有位哲人说过:“满怀自信的人，不管在什么地方，都能保持一颗积极向上的心，他们总是能取得别人无法取得的成就。”

古今中外，凡是事业上有所成就的人，都具备这样一个要素：自信。可以说，自信是职场成功的第一秘诀。有了自信心，我们就会在事业之路上无所畏惧，我们就能推动事业不断前进。

有了自信心，工作中出现再大的困难，我们都不会恐惧，因为自信心能使我们产生空前的巨大力量，能解决任何难题。

案例一：

张顺参加工作的时间并不长，但是他的工作能力很突出，很快他就得到了老板的认可。

按理说，有能力的人应该都是很自信的，但是张顺不是，他待人接物的时候很谦逊，甚至可以说是自卑。这样的性格，就给他以后的工作埋下了不小的隐患。

有一次，公司一个部门主管离职，老板想提拔张顺为主管。老板找张顺谈话，询问他是否有信心担任空缺的主管职务。稍微有点能力的人都会应承下老板的话，但是张顺没有。他说自己从没有担任过领导，根本没有管理经验，贸然接下这个职务很可能会给公司带来麻烦，所以还是过段时间再考虑这种事情比较好。

老板一看张顺没有信心，就提拔了另一位信心满满的职员。

看到被提拔的新主管，张顺后悔不已。因为新主管的工作能力差了自己一大截，他都能胜任这个职务，自己岂不是更能胜任么！

但是世上没有后悔药可吃，张顺知道自己已经和机会失之交臂了，他只好把希望寄托在下一次。张顺不知道的是，他缺乏自信的表现已经在老板的心目中留下了深刻的印象，老板是不会再把机会留给像他这样没有自信的员工的。

案例二：

一家公司在经济危机的形势下到了濒临破产的边缘，公司老板背负了很多债务，甚至有人将其告上了法庭。

这个老板在困难面前恐慌了。他意志消沉、委靡不振。他不是想着怎样重振旗鼓，而是想着怎样逃避现实。他抛下了自己的公司和员工，独自躲在家中当鸵鸟，公司的形势越来越糟糕，可是他毫不理会。直到有一天，他看到了一个企业家东山再起的故事，一下子醒悟了。他想：别人能做到的，我为什么就不能做到呢？

重拾自信的他第二天来到公司，召集全体员工商讨对策。随后他找到所有“债主”的电话，亲自打电话向他们致歉。他诚挚地跟告他上法庭的人说：“请你再宽延一些时间，我们正在想办法，我们决不会不讲信誉的……”

对方问到：“你有新的资金了?”

“没有!”

“那你有新的客源了?”

“没有!”

“那你凭什么让我们宽限呢?”

“凭我重新振作起来的勇气和自信!”

受到他自信满满的影响，债主们答应给他机会，甚至有人出钱出力帮他渡过难关。

在自信心的帮助下，这个老板不仅还清了所有的债务，还让公司的发展更上了一层楼。

上述两个事例告诉我们：自信心是事业成功的必备条件，是推动事业前进的力量之源。

职场中其实只有两种人：成功者和失败者。但凡成功者，他们都信心满满，他们不怕困难和艰辛，因为他们自信可以解决任何难题；但凡失败者，无不是自怨自艾，他们一遇到困难就悲观失望，这样的人是不可能做好工作的。

我们经常看到这样一些人，他们一方面对别人头上的成功光环极为仰慕，另一方面又把自己束缚在自卑之中，挣脱不了妄自菲薄的束缚。假如有人向他们提出“你来试试这个工作吧”，他们准会把头摇得像拨浪鼓一样：“不行！不行！我哪儿做得了这个工作呀!”还没开始，他们就已经用自卑斩断了自己的事业成功之路。

这样的自卑者在职场上屡见不鲜。他们总是感觉自己不如别人，好像比别人低一等，轻视、怀疑自己的力量和能力。这样的人，怎么可能会有所作为呢!

作为职场上的一员，不论在什么情况下，我们都要对自己充满信心。

不管面对怎样的挑战，我们都要对自己说："我很棒，我是最好的，我每天都能取胜，我每天都会创造很高的成绩！"只有这样，我们才能成为职场上最有价值的人。

所以，如果想要成为职场上的成功者，如果想要在事业上有所成就，我们就要树立自信，把自卑踩在脚下。只有这样，我们才能保障自己的事业之路畅通无阻。

如何才能提高自信心？

1. 正确认识自己。不要总是拿自己的短处去比较别人的长处，要对自己有个清醒的认识，不要妄自菲薄。

2. 找准自己的位置。要想让自己有价值，就要做到物尽其用，让自己从事适合的工作，我们才能创造出最大价值。

3. 不要看低自己。身边的同事们并不比我们"高"出一大截，我们没必要将自己看得很低很低，只要有信心，我们同样是独一无二、不可战胜的。

培养乐观的心态

乐观是解决艰难险阻的帮手，而悲观消极，则只会让简单的问题变得更加复杂和困难。乐观的人和悲观的人在工作中的反映以及处理事情的方法和效果有着巨大的差别。比如，如果在沙漠中，两个人走着走着发现了半杯水，悲观的人会说："哎呀，水怎么只有半杯？"而乐观的人则会说："哇，居然还有半杯水呢！"不同的心态导致不同的结果——悲观者在失望中丧失走出去的勇气，而乐观者则充满希望地走出困境。

在职场中，总会有一些人把工作看成一种沉重的负担，或者只是把它看成是一种谋生的手段，一旦遇到困难，他们就悲观消极，就会抱怨，就会失去解决问题的勇气，就会想要逃避甚至放弃。事实上，工作还是一个展现才华、考验智慧的舞台，它是一种责任和使命，也是考验一个人解决问题的能力、应变能力和协调能力的途径。因此，在工作中，无论遇到什么困难，我们都要以乐观向上的态度来对待它，尽可能快地寻求最有效的解决办法。

无论我们从事什么职业，工作的本质不是为了工作而工作，而是一个享受工作、实现价值的过程。以悲观心态来对待工作的人，会觉得职场是黑暗的，工作是漫长而无聊的，甚至痛苦的。而以乐观心态对待工作的人，则会热情专注地投入其中，即便遇到再大困难和阻碍，他们也会积极应对，轻松解决。

林苗和陈红是同时进一家公司的两个新员工，她们当时应聘的职位都是财务会计。林苗性格比较柔弱，有一点多愁善感，在工作中遇到困难时总爱唉声叹气。而陈红则性格开朗、乐观大方。

财务工作是比较琐碎和麻烦的，两个新人都算比较耐心、认真，因此，领导对她俩都挺满意。后来公司做年度财务总账的时候，发现遗漏了一些重要的数据，而那些数据因为一些特殊的原因无法再找到原资料，只能再重新计算。这项任务交到了林苗和陈红的手上。由于那笔账是她们没来公司之前就有的，她们都不清楚当时的具体情况，所以做起来非常困难，需要加班加点来赶工。一到下班时间，林苗总是唉声叹气地说："唉，又要加班了，真不知道什么时候才能干完！"而陈红则觉得这次机会刚好是对她的磨炼和考验，顺便还可以长长经验，而那些困难，她乐观地想，只要肯用心，一定可以解决的。于是，即便是加班，她也是满怀自信地投入其中，集中注意力处理那些琐碎繁杂的数据。一周后，陈红圆满地完成了这项任务，虽然很疲惫，但是她感觉很值得。而林苗呢，还剩下一半没处理完，直到最后她还在抱怨这个工作多么多么困难。

结果可想而知，陈红受到了领导的赞扬，得到了公司的嘉奖，而林苗则由于消极怠工被公司辞退了。

如果在事情还没有开始做的时候，你就认为它不可能成功，那它当然就不会成功。成功人士与失败者之间最大的差别就是：成功人士始终用最积极的方式去思考，用最乐观的精神和最丰富的经验支配和把握自己的人生，失败者刚好相反。

在工作中，我们应该保持良好的心态，以乐观积极的心态来对待遇到的难题，这样有助于你集中注意力来解决困难；而消极悲观地看待工作中的困难，则会让其变得更加困难，甚至会让你对工作失去信心和兴趣。

乐观的心态是一种无形却巨大的力量，在工作中的那些困难面前，它可以让你变得自信而勇敢，使你积极主动地攻克难题，得到成功的喜悦；而消极的心态则像是跷跷板的另一头，你低它就高，原本并不是很难的问题，也会变得更加难以解决。

在职场中，乐观的心态就像是阳光，可以驱走乌云一般的困难和阻碍。因此，优秀的员工懂得培养自己乐观的心态，为自己注入强大的心理力量。那么，我们怎样做才能拥有乐观的心态呢？

1. 学会自信。要想保持乐观积极的心态，最重要的就是要学会自信。自信的人可以勇敢面对困难，并且主动思考解决的办法，而不会被动地等待别人来处理。

2. 学会调节。工作中难免会遇到难以预料到的状况和困难，我们不要害怕那些苦难，而应该学会及时调整自己的心态，并且学会自我暗示，凡事不往坏处想，多往好处想。

3. 学会宽容与感恩。注意培养自己的宽容心和感恩心，胸怀宽广的员工更容易拥有积极乐观的心态，遇到困难时通常不会逃避，而是积极想办法解决。

4. 锻炼耐心，培养细心。工作中遇到困难并不可怕，要学会放松心态，用耐心和细心来处理，如此，即使困难再大，你也可以很轻松地应对。

是挑战，也是机会

不论是生活还是工作，挑战都是无处不在的。一个人是否具有接受挑战的勇气，直接决定了他是否能够在人生的舞台上舞出绝伦的精彩风景。

富有挑战精神的人永远都不相信有绝境，他们自信有能力化解遇到的任何困难。敢于挑战的人时时都满怀激情，他们有着无尽的动力，即使让他们在十分恶劣的环境中生存，他们也会笑着面对。因为他们会积极地寻找解决问题的方法，而不是消极地等待救赎。他们相信：只要敢挑战，自己必将有起死回生的能力。

敢于挑战困难是一种勇气、一种心态、一种追求。其实困难就像是弹簧，如果我们敢于挑战它、攻击它，它就会屈服于我们；如果我们选择逃避、采取退让，它就会反过来狠狠地攻击我们。要想不被困难攻击、打倒，我们就要学会去勇敢地挑战它们。

尼采认为，优秀杰出的人“不仅能忍人所不能忍，而且乐于进行自我挑战”。

一位著名公司的老板在描述他心目中的理想员工时说：“我们所急需的人才，是有奋斗进取精神、勇于挑战的人。”

要知道，工作中经常会碰到各种困难，有挑战精神的员工才有希望克服这些困难。出色的员工在面对富有挑战的工作时，会视其为一次提升自我的机会。虽然他们知道工作中的困难很大、很多，但是他们不会放弃，因为他们知道：机会是珍贵的，困难再大，只要敢挑战，也会有成功的机会。

每一位老板心目中的理想员工都是有奋斗精神、迎着工作压力勇于向高难度工作挑战的人。而能够正确面对压力，通过积极的努力，变压力为动力，最终出色完成任务的员工，将会在同事中脱颖而出，得到公司和社会的高度认可。

案例一：

在公司濒临倒闭的时候，胡一凡受命担任了公司的总经理。此时的公司完全是一副烂摊子：工人们已经三个月没有发工资了，产品的生产线存在着严重的问题，公司上下人心惶惶……

面对这种凄惨的局面，胡一凡没有退缩。他慎重考察了公司的设备和生产方式，经过几天不眠不休的规划，他作出了一个大胆的决定。

胡一凡召开了全体员工大会，他向众人阐述了自己的发展规划：重新设计生产线、改变生产方式。但是，他的规划一提出，就遭到了众人的反对。他们说："公司之所以落到如此境地，就是因为前任总经理总是一时兴起变换花样，朝令夕改，才让公司落了个濒临倒闭的局面。"听到众人的反对声，胡一凡并没有气馁。他诚恳地说："前任总经理变换花样是不是一时兴起我不知道，但我的'变换花样'绝不是一时兴起，我的决定是经过严密考察和计算的。我知道大家不想再重蹈覆辙了，但我想，既然我们到了背水一战的时候，何不大胆地挑战一次呢！我相信，我们肯定能起死回生的。而且大家放心，我不会让大家和我一起背负责任的。如果失败了，后果我全权负责。"

在胡一凡的诚挚保证下，新生产线投放使用了，新的生产方式也开始实施了。公司在胡一凡的带领下摆脱了旧局面，并且很快就扭亏为盈、步步高升。

案例二：

罗晓在公司里从事的是饲料配方的工作。有一次，公司不慎使用了错误的饲料配方，几千吨的饲料眼看就要成为废物，公司老板很是焦虑，那可是数千万元的损失啊！

罗晓将老板的焦虑看在了眼里，虽然他也觉得事情很严重，但是他认为事情肯定有转机。他从多种途径苦苦搜索饲料配方方面的资料，过了四天，他终于找到了一个解决办法：如果在配错的饲料里面再加上一种成分，这个饲料将会成为另一种畅销的饲料。罗晓跟老板说了这个想法，不过老板对罗晓的方法并不抱希望。在罗晓的一再恳求下，老板决定让他进行一次挑战。

经过严密的计算，罗晓在原饲料加入一种成分，并在公司的实验基地进行了实验。实验结果很理想，饲料的质量完全可以得到保障。

新型饲料顺利地投放入了市场，并且受到了很好的欢迎。正是因为罗晓敢于挑战，公司才得以起死回生、逢凶化吉。

胡一凡和罗晓的故事让我们明白：只有敢于挑战，我们才能获得起死回生的机会。

我们每个人蕴涵的潜力都是巨大的，但是在平日里，我们的巨大潜力并没有展现出来。因为平时的工作不足以让我们的潜力得到开发，只有在面临挑战的时候，我们的潜力才得到开发。如果我们不敢挑战极限，那么我们永远得不到成长，也永远无法展示自己的巨大潜力。

微软公司把是否具有挑战精神作为衡量优秀员工的标尺，他们宁愿任用一个曾经失败的人，也不愿用一个处处谨慎却毫无建树的人。微软在招聘过程中有一个名为“挑战”的测试题。这种测试最早出现在斯坦福—比奈智商测试中，这种试题一般比较怪异——例如，在不使用秤的情况下，怎样称出一架喷气式飞机的重量？这道题的答案显然有很多种。如果被测试者不断地改变答案，那么得分为零。只有在被测试者利用逻辑为自己的答案进行辩护，并连续挫败两次“挑战”时，答案才会被认为是正确的。如果应聘者说出一些完全肯定、毫无争议的正确答案，考官会中断应聘者的讲话，然后故意说出一些反驳他的话，和他唱反调，直到他们能够充分证明自己答案的正确性为止。在此过程中，一个没有挑战精神的应聘者会选择放弃，那么他也就不会被录取。而一个始终坚持自己的立场的人才能被录取，因为他们具有挑战精神。

西方有句名言：“一个人的思想决定一个人的命运。”不敢向高难度的工作挑战，是对自己潜能的画地为牢，只能使自己无限的潜能化为有限的成就。

所以，为了得到老板的重用和信赖，为了实现自己的人生价值，为了开发出更加巨大的潜力，我们就要勇于挑战工作的极限。要诀如下：

1. 研究出切实可行的工作动向。在面对一项任务时，具备了挑战精神还不够，还要让挑战变得切实可行，研究出可行的工作动向。在工作中，你应该彻底把情况研究一下，在心里想象一下可以采取的各种行动方向，以及每一种方向可能产生的后果，并选择一个最有前途的方向前进。

你所作的决定难免会有失误，在行动时就可能会犯错，但是我们绝不能因此而放弃我们追求的目标。我们还必须有勇气承担错误的风险、失败的风险和受屈辱的风险。

2. 不做职场安全专家。有很多职场人士抱着“不求有功，但求无过”的心态工作，所以他们不敢越雷池半步，总是小心翼翼地、本分地原地踏步。有些人在遇到困难的时候，不是主动请缨、承担责任，而是选择最安全的做法：逃避责任。他们认为不做就永远不会犯错，当然也就“绝对安全”，他们只喜欢做熟悉、没有难度的工作，对于未知的困难工作是不会接手的。可是，他们忘了当他们选择“安全”的同时，他们就注定成为“职场胆小鬼”，没有老板会把重担交给一个胆小鬼的。

如果你不敢向困难的工作任务挑战，就只能做职场里的“安全专家”。

要允许自己失败

美国商界流传着这样一句话：“一个人如果从未破产过，那他只是个小人物；如果破产过一次，他很可能是个失败者；如果破产过三次，那他就完全有可能无往而不胜。”

我们常常会说：“失败是成功之母。”“失败是最大的财富。”的确，失败的经历对我们来说是非常宝贵的财富，因为它为我们积累了丰富的经验。可以说，失败是我们支付学费的一种不败之法。多失败一次，我们就多靠近成功一点。

在人生旅途中，我们不可避免地会遭受失败。失败是难免的，我们不能因为一次失败就否定自己。更多的时候，我们要允许自己失败。因为只有失败了，我们才能找到更好的通往成功的路。

有位哲学家说："失败，是步入更高的开始。"在职场打拼，失败是不可避免的。但对我们来说，失败是一件好事。因为只要我们从失败中领悟出教训，继续努力，总有一天，我们会大踏步地走上成功之路。

所以说，我们要学会允许自己去失败。

案例一：

李林在一家大公司工作。有一次，公司交给他一项重要的任务，但是他不慎做了一个错误的决定。这个错误让重要任务惨遭失败，公司也蒙受了不小的损失。虽然公司没有对李林作出什么惩罚，但是李林对"重要任务"开始产生恐惧。

接下来的工作中，李林不敢接受任何一项稍微重要一点的任务，他害怕再一次的失败。在两年之后，公司又指派给他一项重要的工作，但是沉浸在失败阴影中的李林拒绝了这次证明自己的机会。

之后的工作生涯中，李林身边不乏绝好的机会，但是他都以各种各样的理由拒绝了。直到退休，李林都没有从失败的阴影中走出来。当然，没有建树的他一直拿的都是最微薄的工资。

案例二：

可口可乐和百事可乐是百年来的竞争对手，两家之间的竞争一直没有断绝。

1984 年，可口可乐公司因为竞争出现了销售狂跌的不利局面。为了扭转颓势，公司接受了塞奥·捷曼的建议。

捷曼改变了可口可乐的配方，打造出了"新可乐"的商标，并对此大肆宣传。然而，这一策略不仅没有打开新市场，反倒让旧可乐的市场也朝不保夕。

一年后，失败的捷曼黯然地离开了可口可乐公司。

虽然失败让捷曼一并收获了重伤、蒙羞和破灭感，但是他并没有消沉。在亚特兰大的地下室里，靠一台计算机、一部电话和一台传真机，捷曼和朋友共同开创了一家咨询公司。

在捷曼的努力运作下，他的咨询公司有条不紊地壮大了起来，很快，他就把客户发展到了微软这样的大公司。甚至在7年之后，捷曼又再次接受了可口可乐公司的聘请。

可口可乐公司的总经理罗伯特·格兹塔这样解释自己再次聘请捷曼的行为："人只要运动就难免摔跟头，我们不能因为之前的一次失败就否定一个人接下来的成功。"

李林不敢接受自己的失败，所以他在失败的阴影中沉沦了下去，而且再也没有爬起来；捷曼勇敢地接受了自己的失败，所以他在失败的基础上取得了再次的成功。

所有人的成功之路都不是一帆风顺的，每个人都会或多或少地遭受失败。有些人会因为微不足道的小失败而一蹶不振，他们对于哪怕一丁点的失败都无法忍受；有些人却能够勇气十足地面对失败，不管是多么狼狈的失败，他们都能从中找到教训，并将之转化为成功的动力。前者不敢面对失败，所以他们永远不可能成为成功者；后者敢于直面失败，所以他们的成就总是不可限量。

任何事物都有优势和劣势，失败也是如此。只要我们敢于接受失败、允许自己失败，那么我们就能将失败的有利方面和优势收归己用，并为我们接下来的成功出力。

在职场上，有些人稍微碰壁，立刻就情绪低落："我干得这么努力，还是不行，看来我不是做这个的料!"其实，失败是有原因的，只会逃避失败，而不会从中汲取经验教训，那么失败永远是失败，它不会成为"成功之母"，也不会转化成财富。

身处职场，我们不可能避免失败，既然我们不能改变事物的成败，那么我们就来改变自己的心态。与其在失败的阴影中沉沦，不如从失败中成长。

所以，我们要学会允许自己失败，只有让自己正确对待失败，我们才能从失败中汲取力量，我们才能在下一次行动中取得成功。

我们不能因为失败而放弃自己原有的工作，更不能沉浸在失败中不可自拔，我们要将失败转化为成功的助力，我们要在失败中将工作做到更好。

第三章

积极寻找解决问题的途径

能否积极主动地解决问题是衡量一个员工是否优秀的重要标准。任何一个老板都需要一个随时都可以帮助他解决问题的员工，而不是面对问题束手无策的员工。优秀的员工都会积极地寻找办法解决问题。在工作中，如果你不能表现出自己的积极主动性，那么，你就和其他人没有什么区别，得不到老板的垂青。

一个优秀的员工总是把解决问题当成自己的职责所在，当问题来临，他不会推脱，更不会寻找借口和拖延，相反，他积极寻找解决问题的途径，并且努力做到最好。

记住，不要敷衍了事，不要为自己找借口，不要当“差不多先生”。要全力以赴，将解决问题的过程中当成提升自己价值的过程。

解决问题是你的职责

当问题或困难来临，一个好员工会奋勇当先，积极主动地站起来，第一个冲到前沿阵地。这样的员工，不必依靠管理手段去触发他的主观能动性，因为在他的心中时刻都有一个神圣的使命——为公司解决问题是自己义不容辞的责任。

对于这样的员工来说，工作是一件非常有意义的事，他们在工作中总是充满热情，遇到问题总是想办法解决。他们从来不会抱怨工作太累或者是工作不顺心，他们对于公司的发展来说是一种不可或缺的中坚力量，也会给公司带来最大的收益。

这样的员工哪个老板会不喜欢？哪个企业会不欢迎？

也许有人会说，到哪里找这样好的人啊，即使有，也可能是头脑有问题的傻瓜！他们说，遇到困难时，躲还来不及呢，谁会脑子进水去主动解决问题，承担责任？

是吗？可是这样的“傻瓜”却往往被企业提拔为领导，成为骨干，成为主流，而那些自以为聪明的人则依然还是个普通员工。

从人的本性来说，逆境的受欢迎程度往往小于顺境，然而，“磨难出英雄”，一帆风顺的环境无法筛选出真正的英雄。因此，那些聪明的员工会把逆境当成一种机会，当成自己成为英雄的契机。只有愚笨的人才会目光短浅，看不到逆境的优势所在。

从企业的角度来说，企业聘用员工的目的是为了解决问题，因此，如果员工不能或不想解决问题，那么对于企业来说，这样的员工就会成为企业的无用之兵，而被辞退也会是迟早的事。

美国钢铁大王安德鲁·卡内基曾经是铁道管理部的一个小职员，每个月拿着微薄的薪水。但他积极工作，对于老板交给的任务从不推托，总是又快又好地完成任务。

一天早晨，早早就来上班的他看到一列火车在城外发生事故，当时情况危急，但是其他人还没有上班，他又没有权力私自处理这件事，一时间，他不知道如何办才好。他想要打电话给上司，却联络不上。

然而此时的境况不容他多想，因为每耽误一分钟都将对铁道公司造成巨大的损失。尽管负责这件事的同事还没有来，但是他认为作为一名铁道部的员工，他不能袖手旁观，于是，考虑好处理这件事的方法后，他只好以上司的名义发电报给列车长，要求他快速处理这件事，并且在电报上面签下了自己的名字。他知道这样做严重违反了公司的规定，会受到严厉的惩罚，甚至有被辞退的危险。

就这样，卡内基顶着冒名的“罪名”办完了这件事。

接下来，卡内基还办了一件事——他写了一纸辞呈交给了总裁助理。同时，他还写下了今天所做之事的详细情形。但是，一天过去了，两天过去了，总裁的辞职批示一直没有下来。卡内基以为上司没有看到他的辞呈，于是，第三天的时候，他亲自跑到上司那里，询问原委。

没想到，总裁不慌不忙地说：“小伙子，你的辞呈我早已看到了，但是我觉得没有辞退你的必要。因为你是一个具有最优秀职业精神的员工。你的所为证明了你是一个积极解决问题的人，因此对于这样的员工我没有权力推辞。”

卡内基非常震惊。他没有想到上司不但没有辞退他，反而还赞赏了他。

接下来的工作中，他继续保持积极工作、主动做事的精神，遇到困难，他从不逃避，而是想尽办法去解决。卡内基认为，他不能事事都等上司做出交代，而是应该主动去做一些没有交代的事情，哪怕是冒着风险，一定要把这些事做好，并且敢于主动为自己所做的一切负责。凭着这种积极负责的工作精神，几年之后，卡内基终于被提拔到领导层，从此事业有了更大的发展。

有的人常说这件事是我分内的事，那件事是我分外的事。其实，只要你是公司的员工，就没有分内、分外之说。当公司遇到了困难，当自己遇到了困难，你都没有理由交给老板或他人去处理，因为，你与公司同乘一艘船，你有责任解决公司的难题，做好公司的事情。

工作过程中遇到的各种困难、挑战和压力，都是一个人在职业生涯中不可避免的问题。你要做的就是积极地发现问题，解决问题，而不是将问题、困难交给上司去处理，或者等到上司来催促的时候才想办法去解决。不要给自己找无法解决的理由，要知道，办法总比问题多，当你积极地去想办法的时候，你已经紧紧地抓住了一次成长的机会。同时，你的潜能也在无形中被唤醒，这样一举两得甚至一举多得的事情为何你不肯去做呢？你收获的不仅是这些，你还将成为上司眼中的一个可以独当一面的好员工。

因此，一定要切记把“解决问题”当成自己的职责所在，不要想当然地以为工作只是为了完成任务而已。要知道，能否积极主动地解决问题是衡量一个员工是否优秀的重要标准。任何一个老板都需要一个随时都可以帮助他解决问题的员工，而不是面对问题束手无策的员工。优秀的员工都会积极地寻找办法解决问题。如果在工作中，你不能表现出自己的积极主动性，那么你就和一般的人没有什么区别，得不到老板的垂青。只有积极地解决问题，你才会将更多的心血投入到工作当中，才能做出骄人的成绩，才会得到老板的器重。拥有了积极解决问题的能力，你就拥有了使自己脱颖而出的砝码，你就会在激烈竞争的职场上顺利地走下去，达到你成功的目标。所以，积极地解决问题是你通往成功的必经之路。

具体说来，你要做到如下几点：

1. 端正工作态度，杜绝敷衍、找借口、拖延等消极心理。态度决定高度。当你开始敷衍工作的时候，你已经在为自己的职业生涯画卷抹下灰暗的一笔；当你开始为自己找借口的时候，你已经给老板留下了极坏的印象；当你开始拖延工作的时候，你已经悄悄堵塞了自己的晋升之路。

2. 把问题当成成长的机会，而不是负担。勇于挑战才有成功的机会。当老板交给我们一项艰巨的任务时，我们要感到荣幸，因为这证明了你在老板眼中是一个有能力的人，而你在解决难题的过程中，也将学到很多有用的东西。

3. 创新思维，积极思考。当传统的思维无法解决问题时，打开思路，创新思考将会有助于你轻松解决难题。

4. 向别人学习经验。不要轻视他人的力量。要知道，你身边的每一个同事都有可能成为你的老师，积极地向他们学习、请教，是你解决问题和快速成长的好办法。

5. 学会分解困难，制订战略目标。困难很大，但分解成一个个小的目标时，它们就会变得很小。因此，要学会分解，学会制订切实可行的战略性目标，这样，难题才会迎刃而解。

改掉拖延的恶习

某著名管理学家曾提出这样一个问题："如果你们决定在一周内去一个很近的地方，近到只步行几分钟就到了，那么，你们会于几日内动身?"

答案各异，但回答得最多的答案是："我觉得这么近的距离，什么时候去都为时不晚。"该管理学家便请这些人按他们想去的时间去一趟这个地方。结果，一周之后，他问起这个问题时，很多人说还没有去。他们的理由还是因为这个地方太近了，以致总觉得什么时候去都行，所以就拖了下来。

这就是"拖延"的典型事例。拖延不仅在生活中随处可见，在工作中更是普遍存在。

甲说："没关系，反正老板要求上交的时间还早，不必那么着急。"

乙说："这个报表这么简单，何必这么早就开始做，等到客户要的时候再做也不迟。"

丙说："老板今天又没跟我要任务，也没说非要今天完成，我还是明天交给老板好了。"

丁说："这个任务太难了，我不可能在这么短时间内完成，想必老板也不会催我的。"

……

拖延的现象在职场中随处可见，拖延似乎成了一种职场通病，在"拖延"一族的眼里，时间总是有的，任务总是不着急的，他们把今天的事拖到明天、后天，甚至明年、后年，根本不管老板焦急的心情，反而认为这是理所当然的事。于是，他们的办公桌上堆满了文件、计划书，老板三番五次地催促，他们总有各种理由"说服"老板让自己继续"拖延"下去。他们的理由无非是：时间早，事情小，老板提前没催促，别人也没完成，任务难等。当别人争先恐后地赶工作、加班时，他们总会嘲笑他们的傻气，因为他们脑子里总有一个声音在说："急什么，反正还没到最后的时间。"于是，他们就慢慢悠悠地、不慌不忙地接着"晃悠"起来。但是他们总是有大量的时间去做各种与工作无关的事，比如与人聊天、玩电子游戏等。

案例一：

小锋在一家房地产公司做文案。刚开始的一段时间里，他很勤快，除了及时做完老板交给的任务外，他还抢着做一些其他的事情。小锋的勤快让老板喜在心头。可是，半年过去了，小锋像变了一个人，他开始变得懒惰，每天像个霜打的茄子，打不起精神。就这样，他的工作任务开始拖延起来，总是等到老板催着要，他才会强打精神，又是加班又是熬夜地完成。他知道这是他对工作产生了倦怠情绪，他想改变，但却不知如何去做。后来，他就干脆坦然接受了自己的这种现状，看别人都没有完成任务，他也心安理得起来，心想："反正都没有完成，到时候老板不可能只责怪我一个人，有大家一起顶着呢，怕什么！”于是，他就慢条斯理地做了下去。

后来，一件事情让他意识到拖延的危害性，他决心要改变这种现状。

一天，老板要赶着开会，可是手头的文件还没有处理完，这是要在开会时用的一份非常重要的文件。他找到小锋，把他叫到办公室。老板直截了当地说：“我现在还有其他重要的事情要做，没有时间处理这些文件，你看看这些文件，能在一小时内处理完吗?”小锋看了一下文件，面有难色地说：“恐怕有点难度。”老板说：“我相信你可以，只要你认为你能在规定时间内完成。”小锋感到心里暖暖的，他顿时有了力量，也有了信心。果然，他真的在一小时内完成了。当他把文件交给老板时，老板用赞赏的眼光看了看小锋，说：“做得很好，辛苦你了。”

从此以后，小锋做事再也不拖延了。他觉得老板对自己如此信任，自己再拖延工作，会让自己的良心不安。因为拖延是对公司的不忠诚，也是对自己的不负责任。

案例二：

28 岁的郭明最近被提拔为公司的部门主管。自从上任后，他每天醒来就一头扎进工作中，可是他总觉得永远有忙不完的事。他扪心自问，自己没有故意拖延的心理，他一直很努力地去工作，想要把工作做得更好，但结果他总是最后一个上交任务的人。这让他焦头烂额，寝食难安，简直快要崩溃了。

他将这个苦恼跟一位工作了 30 年的老前辈讲了。“让我看看你是怎样工作的吧！”这位老前辈笑了笑说。于是郭明让这位前辈来到了他的办公室。经过一天的观察，这位前辈说：“你知道你的工作在哪里出现了问题吗?”郭明纳闷。前辈意味深长地说：“你在工作中有一个致命的弱点，就是拖延。本来立马就能解决的问题，你总是要推到明天去做。这样，你要处理的问题就越拖越多了。记住，今日事今日毕。此外，你的完美主义情结对你的工作也很不利哦，其实，苛求完美就等于不完美了。”在这位前辈的点拨下，郭明发现了自己的症结所在，那就是：极端的完美主义倾向使得他反复修改已经做好的工作，这耽误了很多时间；没有做好规划，做事情不分主次。认识到问题，他对症下药，慢慢改掉了拖延的毛病，工作果然得心应手了许多。

从上面的例子中，我们可以看到，拖延的根源有两个：一个是工作心态上对工作的意义认识不够，没有主人翁精神，是缺乏工作责任心的表现。比如，只有上司在身后催着才向前进一步；遇到困难不愿意主动开拓；意志薄弱，没有自制力；情绪低落，对工作没有兴趣，也没有人生的目标。另一个是缺乏技巧，导致工作效率低下，不能按时完成任务。比如，有极端的完美主义倾向，反复修改计划和已经做好的工作；整天被琐事缠身，无法将精力集中到主要任务之中；虽然下定决心立即行动，但就是总找不到行动的方法；做工作没有计划性，缺乏条理性；不会规划，没有目标，甚至不知道确定什么样的目标。这两个根源虽然本质不同，但都直接导致了工作任务的滞后性，给企业带来了或多或少的损失。

现代社会竞争激烈，公司之间的竞争甚至已经达到了白热化的地步，但是这些竞争归根到底就是与时间的竞争。谁最先把新产品投入市场，谁就赢得先机，赢得主动。企业要想立于不败之地，就必须有一支高效的战斗团队。因此，通用汽车、沃尔玛商店、苏黎世金融服务、德国电信、英特尔等知名大公司都将“决不拖延”作为员工的行为准则。一个做事不拖拉的人，在接受工作时，总是会以极大的热情投入工作中，努力克服工作中的障碍，又快又好地完成工作。也因此，做事果断，立即行动的员工势必成为企业的红人，而做事拖拖拉拉的人则不会被领导器重。

阿莫斯·劳伦斯说：“整个事情成功的秘诀在于形成立即行动的好习惯，才会站在时代潮流的前列，而另一些人的习惯是一直拖延，直到时代超越了他们，结果就被甩到后面去了。”塞万提斯说：“取道于‘等一会’之街，人将走入‘永不’之室。”商场如战场，一分钟的拖延可能会导致整个计划的搁浅。一个行动胜过一打计划。一旦你在工作中有了新想法或问题需要解决，一定要立即行动，绝不拖延。这样，你才有胜算的把握。

职场中，一次的拖延可能看不到什么后果，但是当拖延成了习惯，它就会侵蚀人的意志，消耗人的能量，阻碍潜能的发挥，让人们陷于一种“拖延——低效能+情绪困扰——拖延”的恶性循环之中，从而使问题由小变大，由简单变复杂，像滚雪球一样越滚越大，最后使本来简单的问题无法解决。

如果你发现拖延的恶习已经在侵袭你，那么就赶快远离它，剔除这个工作中的绊脚石。我们可以在工作中采取以下措施：

1. 增强自制力。当你又想拖延时，要告诉自己：拖延是一种坏习惯，我要摒弃拖延。不断以这种方式强化记忆，久而久之，你就会慢慢地增强自制力，改掉拖延的毛病。

2. 制订计划表。拟定一个高于以往工作目标的计划表，给自己加压，并让身边的人都知道我们的目标，如此，就能起到监督的作用，同时也能让工作在规定时间内完成，这样工作就会有条不紊，从而大大提高工作效率。

3. 减少犹豫的时间。拖延的“理由”不外乎一些我们所谓的困难，但是如果我们不把它当成是一种困难，就会发现，当我们着手去做的时候，却不像想象中的那么难。这说明了什么呢？说明我们花了太多时间精力在犹豫不决和追悔上。而且，我们总是认为时间多的是，可是却并没有看到浪费时间的恶果——让事情永远得不到解决。

4. 增强责任感。有一部分习惯拖延的人没有责任感，总感觉是公司的事情不是自己的事情，拖延一时没关系。殊不知，你就是公司的一员，公司的发展与公司员工的利益密切相关。如果公司员工都拖延时间，工作无积极性，那么公司的存活也会岌岌可危。

5.. 立即行动。克服拖延的恶习，立即行动是最好的改良方案。拥有它，你就可以顺利地完成任务。因此，我们要给自己定下一个“凡事立即行动”的信条，并且坚决执行。

理由再多也不能推卸责任

很多人在工作中没有“责任”意识，以致经常出现这种情况：工作敷衍了事，错误百出——没有责任心；把工作失误的原因推到同事身上——推卸责任；拒绝领导安排的有难度的工作——害怕承担责任。这些人处处寻找借口，时刻想着如何远离困难和失败，想着如何为自己的错误和失败开脱。

他们的理由很多，如果找，也许能找出上千条，但纵使如此，推卸责任都是一种非常不良的工作行为。它不仅是一种个人的失职行为，更是一种严重的社会行为。

不负责任看似损害了一个企业的利益，实则也是损害了社会上更多人的利益。因为不负责而导致的事故一直都层出不穷：火车出轨，煤矿瓦斯爆炸，车船翻沉，建筑物垮塌，火灾频发……每起事故都给人们的生命和财产带来了惨重的损失，给人的心灵留下了难以弥合的创伤。其实，几乎每一起重大事故都是可以避免的，只要人们再多些责任心，把属于自己的责任承担起来，这些惨剧就不会发生。

这些惨剧的背后都站着一个个不负责任的人，如果每位员工都能坚守岗位，时刻警惕，认真履行自己的职责，这些惨剧就本可以不发生。

不管在客户面前还是在社会面前，作为一个员工你都代表着企业的形象。因此，我们有理由共同承担起维护企业形象的责任，承担起维护企业信誉的责任，承担起企业兴衰的责任。我们要有敢作敢当的勇气，敢于为自己所做的工作负责。当你所做的产品出现瑕疵，当你的工作出现失败，我们都没有任何理由来推卸责任，因为作为企业的一分子，拿着企业付给我们的薪水，我们理应为企业分担责任。固然，我们可以在事后把问题追究到某一个人或某一些人身上，但比起这种追究来，勇敢地承担起责任才是企业成员的首要任务。因为敢于承担责任是我们对生命最起码的敬畏和尊重，这既是为了别人，更是为了我们自己。

工作即意味着责任，意味着认真地做好属于你的工作，意味着不应用敷衍的心态去完成你的任务，意味着当工作中出现问题时，不要找各种各样的理由来推卸责任。因为老板所需要的是一个能够帮助他解决问题的员工，而不是一个出了事故找各种理由推卸责任的员工。

案例一：

吴林是总经理的秘书。一次，总经理要出差去跟客户谈一笔生意，在出发的前一天晚上，总经理发现文件没有备齐。总经理火冒三丈，立即拨通吴林的电话劈头盖脸地训斥道："小吴，你怎么搞的，文件都没有备齐，我拿的文件里根本就没有公司的报表，你让我明天怎么和客户谈判！"吴林一头雾水，她很清楚地记得自己把公司的报表放在了总经理的桌子上，并且当时也和总经理交待了，怎么现在会没有呢？真是奇怪！吴林没有解释，只是说："实在对不起，可能是我忘记交给您了，我马上给您送过去，希望它不会耽误您的谈判。"总经理虽然一肚子火，听了她的解释也没有再说什么，挂断了电话。

有了报表，谈判进展得很顺利，总经理回到公司就没有再提起这件事，吴林也没有说什么。有一天，总经理突然问她："小吴，你当时确实没有把文件给我吗？""您说的是什么文件？"吴林故意疑惑地问。"就是上次谈判时用的公司报表。""对不起，您没有找到，可能是我工作上的疏忽。""你不必自责，我错怪你了。我后来在车上发现了它，它就在我的副驾驶座上，请原谅我当时对你的态度。可是你当时怎么不向我解释一下呢？"吴林笑着说："我想您当时一定是心急如焚，无论我怎么解释，一定会火上浇油，而且于事无补。所以我觉得当时解释是多余的。您回来后，我知道谈判成功了，解释就更没有必要了。因为事情已经结束了。我不想因为推卸责任而造成双方的不愉快。"

总经理由衷地说了声："谢谢！"

案例二：

小陈大学毕业后应聘到一家电视台工作，工作没多久，他就得到了一次跟前辈出去采访的机会，他心里十分高兴。可是等到了目的地，前辈发现居然忘记带话筒电池了，他有些责备地对小陈说："你怎么这么粗心，居然把采访中这么常用的工具都忘记带！"小陈有些不服气："采访又不是我一个人的事，干吗要把责任推卸给我？况且我是跟着你们学习的，不是跟班打杂的！"前辈听完，生气地说："你怎么就知道推卸责任！我们所有的人都在忙，你就不能看一个设备吗？这不是你该做的事，那你去做你该做的事！你不用跟我了，你可以走了！"

案例中的吴小姐和小陈在面对相似的问题时采取了不同的态度：一个敢于承担责任，以公司利益为重，获得了领导的认可；而另一个找理由推卸责任，结果造成了与同事之间关系的僵持。

关于责任的重要性，著名企业家洛克·菲勒曾经说过："一个企业所缺少的并不是能力特别出众的员工，而是有强烈责任感、时刻把责任和使命记在心头的人。"对于"责任"二字的分量，爱默生也有一段精辟的论述："责任具有至高无上的价值，它是一种伟大的品格，在所有价值中它处于最高的位置。"积极的人找方法，消极的人找借口。找借口看似逃避了责任，不必为自己的过错和失败埋单，但同时它也让你失去了一次成长的机会，失去了领导对你的信任，失去了自己事业的发展之路。可以说，借口绝不是促进事业成功的催化剂，相反，它是导致事业失败的绊脚石。

面对困难、面对问题，一种人是积极地动脑子、想办法，一种人是消极地等待别人来帮忙，等待老板给解决，或者是寻找借口，寻找推托。两种不同的工作态度，一种积极，一种消极。前者体现了对工作负责的态度，后者则体现了对工作敷衍的态度。想一想，如果你是老板的话，你会欣赏哪一种员工呢？毋庸置疑，显然是第一种。

找借口推卸责任是世界上最容易办到的事情，同时也是领导最不愿意看到的事情。借口是问题恶化的温床。如果出现问题不是积极地解决，而是千方百计地找借口，工作就会拖延，明明能解决的问题，就有可能失去最佳解决问题的机会，而使问题更加恶化。一旦借口成了挡箭牌，就会在以后的工作中屡次寻找借口，长此以往，借口成了习惯，工作就失去了动力。工作上投机取巧找借口，也许只给老板带来一点点的经济损失，而对于职场中的你来说，却足可以毁掉你的一生。

遇到问题，不要找理由推卸责任，我们要好好地分析原因，看看到底是不是我们出了问题。如果是我们出了问题，我们要勇于承担，如果不是我们出了问题，那我们也要无则加勉。千万不要把本该自己承担的责任归于客观原因，归于他人。而当老板知道你为了公司而承担不应该承担的责任时，老板一定会对你另眼相看。以下是你注意的要点：

1. 培养自己的主人翁意识。把自己看作公司的主人，加强责任感。我们要从心底把自己当成公司的一分子，而不是当成旁观者，事不关己，高高挂起。其实，我们与公司同乘一艘船，公司兴亡员工有责。不要总是以“为他人工作”的心态对待你的工作，这种心态是最不明智的。我们每个人都在为自己而工作，只有抱有这种心态，才能跟公司共患难，勇敢地承担责任。

2. 找到原因，主动解决问题。遇到问题，积极分析问题产生的根源，寻求解决问题的办法。

工作中，一遇到困难就推托或辞职不干的人，是难以获得成功的。只有迎着困难而上，主动去解决困难，才是老板最欣赏的人。

清朝一代宠臣和珅之所以成为皇帝身边的红人，绝不是因为他会说几句拍马屁的奉承话，而是因为他总是想尽一切办法去为皇上解决问题，排忧解难。有一个小故事：一天，皇上午睡，但树上的知了一直叫个不停，他看皇上受知了的骚扰而无法午睡时，就开始想办法去赶知了，可是他费了好大劲儿，知了仍然纹丝不动。后来，他灵机一动，想起小孩子玩的粘知了的游戏，就亲自拿起杆子去粘知了，还动员小太监也帮着粘，就这样，不一会儿工夫，一树知了就被粘光了。就是这样的小事，他就能为皇上想到，可见他的责任感之强。他的责任心处处可见，难怪皇上会喜欢他。

不要“差不多”

1924年，胡适先生发表了《差不多先生传》，这篇文章生动地描绘了一个形象——差不多先生：

……

差不多先生的相貌和你和我都差不多。他有一双眼睛，但看的不很清楚；有两只耳朵，但听得不很分明；有鼻子和嘴，但他对于气味和口味都不很讲究。他的脑子也不小，但他的记性却不很精明，他的思想也不很细密。

他常常说：“凡事只要差不多，就好了，何必太精明呢？”

……

他在学堂的时候，先生问他：“直隶省的西边是哪一省？”他说是陕西。先生说：“错了，是山西，不是陕西。”他说：“陕西同山西，不是差不多吗？”

后来他在一个钱铺里做伙计，他也会写，也会算，只是总不会精细。十字常常写成千字，千字常常写成十字。掌柜的生气了，常常骂他。他只是笑嘻嘻地赔小心道：“千字比十字只多一小撇，不是差不多吗？”

……

差不多先生差不多要死的时候，一口气断断续续地说道：“活人同死人也差……差……差不多，……凡事只要……差……差……不多……就……好了，……何……何……必……太……太认真呢？”

很多人都觉得事情做得差不多就行了，殊不知，“差之毫厘谬以千里”，很多严重过失都是由一些小差错造成的。

职场中，“差不多先生”随处可见，当老板要求员工做到更好时，总是能听到这样的抱怨："差不多就行了，何必那么较真呢！"在他们眼里，差不多就是自己的工作准则。他们认为天下没有十全十美的事，因此就不必抱着追求完美的心态去做事，所以，在一开始的工作中，他们就将自己的质量定位在了"差不多"的标准上。于是，最后的结果离"差不多"还差得很多。

假如你给自己定下每天做出10个产品的目标，也许你只能达到9个；但如果你给自己定下每天做11个的目标，也许就可以达到10个。这说明，我们要给自己定位更高的要求，才能达到预期的目标。而"差不多"则是一种消极的目标定位法，这种方法一开始就降低了对自己的要求，那么，结果势必更不理想。

这种"差不多"心态对成功极其不利。在职场中，如果你也抱着这种心态，你将难以做出什么好成绩。

所以，在工作中，我们要抱有一种严谨的工作态度，不能"差不多"，要全力做到最好、更好。

张立是一个刚刚走出大学、踏上工作岗位的年轻人。他认为自己的专业能力很强，所以在工作的时候很是漫不经心。对于工作，他从没想过要全力以赴，在他看来，工作做得差不多就行了。

有一次，老板交给张立一项工作，让他为一家知名企业做一个广告策划。虽然这项工作是张立进公司后接到的最有分量的工作，但是张立并没有付出更多的努力，仍然是漫不经心地进行。

一周后，张立把策划交给了老板，老板只轻轻扫了一眼就搁下了。他问张立："这是你能做出来的最好的策划么？"张立虽然有些心虚，但他还是理直气壮地回答道："是的，我觉得这个策划已经差不多了。"老板说："你还是拿回去再做一份吧！我要的策划不是'差不多'的策划。"

张立只能把策划拿了回去，这一次，张立没有漫不经心，他付出了多一点的努力，但是也仅是比"差不多"好一点，并没有全力以赴。

张立再一次把策划交给了老板，老板看过后又把策划还给了他，"这就是你能做出来的最好策划？"鉴于上一次的经验，张立没有说"差不多”，但是老板仿佛察觉到了张立的意图，他又说：“不要觉得‘差不多’就行了，你再做一份吧！”

张立又把策划拿回去返工，然后又交给老板，接着又拿回去返工……如此反复，直到张立修改了五六遍，他的策划才得到了老板的认可。

老板跟张立说：“你如果在第一次做策划时就拿出了最后的这种劲头，你也不至于返这么多次工啊！要记住，工作是没有‘差不多’的，‘差不多’的工作不是合格的工作，只有全力以赴做到最好、更好，才能做出最佳的工作成绩。”

从此以后，张立不再漫不经心地工作，也不再说“差不多”了。在工作时，他总是不断地问自己：“我是不是还能做到更好？”在这样的要求下，张立的工作业绩突飞猛进，很快就成了公司里的中坚力量。

张立的故事让我们懂得一个道理：凡事不能只追求“差不多”，要学会给自己设定更高的目标，并努力去达成，只有这样，我们才能不断提升自我能力，获得较大发展。

有些人觉得工作是为公司做的，自己没有必要浪费过多的精力，只要做到“差不多”就行了。其实，这样的行为不仅损害了公司的利益，对于自身的发展也存在很大的局限性。

要知道，我们在敷衍工作的同时，也将我们自身的才华和能力隐藏了起来。不尽全力地工作可能会让我们节省些精力，但也会让我们埋没在众人之中，得不到老板的重视和信赖。

全力以赴地工作，不仅能做出出色的工作成绩，也会让我们的能力最大化地展现。我们每个人的身上都蕴含着无限的潜能，如果我们能在心中给自己设定一个较高的目标，激励自己不断超越自我，那么我们很快就会摆脱平庸，走向卓越。

当我们不再口口声声“差不多”时，当我们习惯去将工作做到更好时，我们会发现：我们从工作中学到了更多的知识、积累了更多的经验，我们在全身心投入的过程中找到了快乐，并收获了相应的回报。

所以，不要再说“差不多”了，工作没有“差不多”。只有抱着全力以赴的心态，只有秉持着追求完美的理念，我们才能做出不凡的成绩，我们才得取得卓越的成就。记住：

1. 不要敷衍了事。不要以应付的心态对待工作。敷衍了事地做工作，工作是不可能做好的，我们也不可能取得优厚的回报。

2. 不要为自己找借口。工作做得不好时，不要说“差不多”。“差不多”的工作实际上是不合格的工作，抱着“差不多”心态的员工也不是合格的员工。

3. 全力以赴做到更好。优秀是没有止境的，我们的潜力也是没有止境的，只要我们愿意，我们完全可以将工作做到更好、最好，所以我们要全力以赴地去工作。

不要让压力把自己压垮

如果你想比别人站得高，就需要比别人付出得多。在职场中，高酬劳、高职位是每个人都孜孜以求的目标，但在它们的背后却隐藏着一个巨大的代价，那就是无尽的压力。如果你想要加薪或者晋升，就需要承受比别人多得多的压力。没有人可以不劳而获，洒下多少汗水就收获多少果实，你所能做的就是协调好高薪酬、高职位与高压力之间的关系，努力让自己变得轻松些，不要被压力所击倒，而是尽可能让自己保持一份对工作的激情，保持一种健康的身心状态。

邹浩是公司的高层。在谈到一步步走到今天的历程时，他坦言压力非常大。最初他只是公司里的一个普通业务员，每个月的薪水很低，只有几百元，经济的窘迫可想而知。为了提高收入，得到更多的业务，他开始对自己施压。他放弃了休息时间，每天比别人多工作两个小时。他的努力换来了他期望的结果，每个月的业绩总是排在第一位，经济问题也随之解决。老板很快就注意到了他。经过一段时间的观察，老板觉得他工作十分卖力，于是提升他做了销售总监。

现在他的职位提升了，他在朋友面前终于可以扬眉吐气了，而且他的钱也渐渐多起来，于是，他可以随心去买自己喜欢的东西了，这种生活条件的改变令他十分的满足。但是三个月后，问题来了。他感到工作越来越复杂了，竟然有点力不从心的感觉，而且手下的小兵也非常的难管，总是令他烦恼。最令他有压力的是：上司总是给他增加任务，声称如果完不成要如何如何。所以，为了完成繁重的工作任务，为了管好手下那帮小兵，也为了保住自己这个职位，他开始加班，开始焦虑，开始失眠。

压力已经成了时代的通病，这是一个不可避免的现实。其实，压力的表面是工作任务和无休止的加班，而在这些背后隐藏的是激烈的竞争、高质量的绩效考核、超强度的工作任务。为了让自己的工作高效、高质地完成，很多人不得不牺牲了自己的吃饭、睡觉、休息和约会的时间。他们把上班坐车、走路的时间都用在了思考工作的事情上，他们已经没有了自我。还有一些公司，为了刺激员工的工作激情，拿高额的奖金来鼓励员工去付出更多的努力。这样一来，很多人更加让自己处于超负荷的工作状态中，这就无形中给自己增加了压力。

其实，压力只是相对的，世界上没有一种工作是完美无瑕的，也没有一份工作是轻松的，所以压力总是在所难免的。为什么有的人能轻松应对呢？原因就是他们懂得调节，他们将心态放平，他们懂得“与其有压力，不如放下压力”，化压力为动力，然后寻找突破，终将会摆脱压力，享受工作所带来的愉悦。

现代社会竞争激烈，要想在这个社会中立于不败之地，你必须努力地工作。人是一个社会动物，都希望自己过的比别人好，都想让自己做时代的精英，然而，这都是要付出艰辛努力的。世外桃源的生活只是人们的一种梦想，古代不会有，现代也不会有。在羡慕别人加薪和晋升的同时，要做好抗压的思想准备。

面对压力，我们要学会自我减压。人的承受能力是有限的，如果一直处在重压之下，人是会崩溃的。当工作很累时，当心很累时，不妨向领导请个假，出去旅游，放松一下。薪水和职位固然重要，但我们的身体更重要。身体是革命的本钱，没有一个健康的体魄，拥有多么远大的理想都是不能实现的。

如何给自己减压?

1. 放松心情。压力是每个人都必须面对的，不需要过分看重它的存在，尽可能地放松自己的心情，拉风筝的线牵得越紧，风筝越是难以飞高。心中的弦绷得越紧，工作越是做不好。不要让自己的神经每时每刻都处在紧张的状态中，这样不但不利于工作，而且会对你的健康造成负面的影响。

2. 学会调节。善于调节生活节奏的人往往会身处压力之下却不受压力的困扰。在工作之余，不妨通过娱乐和运动等方式，去缓解一下压力，暂时将加薪和晋升抛在脑后，不要让它们成为你生活的主题。

3. 拥有平常心。对于加薪和晋升不要过分地看重，万事不能苛求，只要自己努力了，问心无愧就行。山外有山，天外有天，你永远赶不上所有的人。要宽慰自己，只要自己超过以前的自己就行了。把心态放平和，这样就会少些压力，多些生活和工作的乐趣。

4. 学会宣泄。有了压力，不要一味忍受，而要用一些可行的方式释放出来，比如找个地方大哭一场，让积聚在心中的压力得到尽情地宣泄。

多方面提升自己的价值

据有关调查显示，现代职业危机感日益加重，60%以上的白领都缺乏职业安全感，总觉得朝不保夕，产生严重的职业焦虑。

职业安全感的普遍缺乏源于求职大军的空前壮大，使得雇主们的选择余地随之扩大，职业的可代替性增强，让身在职位上的人感到了危机。同时，各种机构的改制打破了无数的金饭碗、银饭碗，职场中人被直接地推向了市场，年轻的求职者为了能够寻得工作机会而四处奔波，已有职位的为了维持现况或者加薪升职而更诚惶诚恐地工作。

当前的社会竞争力越来越大，你不要抱怨现在的人才太多，更不要埋怨老板太没有人情味，不要妄图从外界获得安全感，真正的安全感来自于你自己。

苹果公司有一条企业文化：你的工作安全感取决于你的可雇用性。苹果公司从不向任何一个员工许诺这份工作他可以做多久，即使是5年或10年也不行。但是苹果公司保证，不管员工在这里干多长时间，哪怕几个月，只要他愿意，就能不断地学到东西。学到东西其实就是一种职业竞争力，它可以增大你的价值。

你的自身价值越大，他人对你的认可度也就越高，你也就有越强的安全感。假如你有强大的价值，那就不是你担忧被老板炒鱿鱼，而是老板担忧被你炒鱿鱼。

有个年轻人觉得自己很有才华，毕业后求职却屡次碰壁，很长时间也没有找到自己理想的工作。他觉得自己是怀才不遇，一度消极悲观。眼看自己这个“千里马”没有伯乐来赏识，失望之下就来到了大海边，想就此结束自己的生命。就在他要纵身跳进大海的时候，突然有一位老人叫住了他。在老人的询问下，年轻人说出了自己的价值不被社会所承认、不被老板所重用的苦衷。

老人听完之后，从沙滩上拾起一粒沙子，拿给年轻人看了一下，然后又随意地扔在沙滩上，并对这位年轻人说：“你能把我刚才扔掉的那一粒沙子捡起来吗”？

“这不可能。”年轻人很干脆地说。

这时，老人从口袋里取出一颗晶莹剔透的珍珠，又随意地扔在沙滩上，并再次对年轻人说：“你能把我刚才扔掉的那一颗珍珠捡起来吗？”

“当然可以！”年轻人弯腰拾起了珍珠还给老人。

老人说："你现在明白了吧？你还不是一颗珍珠，因此你不能苛求别人马上就承认你、重用你。如果你想得到别人的承认，就要想办法使自己成为一颗珍珠。"

年轻人一时无语，陷入了深思。

要想为企业所认可，就要提升自己的价值，让自己成为企业不可或缺的人。如果你整天担心自己找不到工作或者会失去工作，那就说明你还是一粒沙子。这时你要做的不是抱怨社会、埋怨别人，而是要努力使自己变成一颗珍珠，这样你才能为别人所发现、所重用。

出色才是最好的工作保障，或许你不能决定自己会不会失去工作，但你可以控制自己是否可以更出色。在这个瞬息万变的社会，你唯一能做的就是把握你自己，让自己更加出色，更加具有可雇用性，这样你就能以不变应万变，把工作的不安全感降到最低。

与其把缺乏安全感当做一种很大的压力，被它折磨得身心疲惫，还不如把它当做一种动力，鞭策自己在工作中不断尽力，提高自己的可雇用性。

作为一名员工，你必须不断提问自己"我对公司的价值是什么？"任何员工要想持续在一家企业工作，就必须不断地主动为公司创造价值。如果你不能为公司创造更多价值，或者被新进职员轻而易举地取代你的价值，那或许就到了你必须要离开的时候了。

如何持续保持竞争力与核心价值，让你自己成为不可或缺的人才呢？在这里有以下几点建议：

1. 提高职业竞争力。既然要工作，就需要你的专业技能过关，根据自己的工作需要不断地提高自己的专业技能，并将它体现在日常工作中，为自己的职业安全感加分。

看公司需要哪些方面的人才，努力提高自己这些方面的专长，这样你就找到了更多创造价值的机会。例如，公司要走向国际化，很多员工在外语沟通能力方面很欠缺，如果你预测到了这一点，并尽早地利用业余时间认真学习外语，你就会比其他员工拥有更多的工作发展机会。

2. 学习第二专长。很多人把在学校里学习的专业当成一辈子的专长，这是不对的。现在社会竞争激烈，环境变化和技术更新等的速度都很快，这要求我们除了在原有的专长领域不断吸收新知识外，还要求我们学习第二甚至第三专长。如一些参加工作多年的老员工，在学校时没有机会学习电脑，而现在的工作又普遍离不开电脑，为了更高效率地工作，这些老员工就要学会使用电脑，否则就会被淘汰。

3. 把握机会，接受挑战。在企业的发展过程中难免会遇到危机或困难，这种情况下就必须挑选优秀人才投入到新的业务领域或研发新产品中，以创造新的业务，突破现状。而新业务领域的风险自然会比较大，很多员工不愿意接受这种挑战，这时候你站出来表现、发挥你的价值，肯定会得到领导的赞赏。这也是你为公司创造价值的最佳时机。每个公司都更加珍惜在公司困难的时候接受艰难任务的员工，因为那正表现了他们对公司的信心和忠诚。

4. 学无止境，马上着手。在这个知识经济时代，衡量一个人对公司的贡献不在于你的资历和级别，而是看你拥有多少对公司有益的知识。无论你曾经的专业是什么，无论你学历高低，只要你有计划地学习，日积月累，自然会成为一个知识丰富的专业人才。人类的进步就是对知识的不断吸收与分享，大家一起学习才能一起进步，利用不断学习的过程提高自己的价值，这就是你在职场上最重要的筹码。

逆商测试答案及结果评估

【测试答案及计分方法】

第1、4、5、6、7、8、9、10、12、14题，选A得3分，选B得2分，选C得1分。

第2、3、11、13、15题，选A得1分，选B得2分，选C得3分。

按照上述计分方法，将你每题的分数累加，即是你的逆商得分。

【结果评估】

25分以下：逆商很低。

你一遇到逆境，就会表现出惊慌失措和逃避的心理，丧失奋斗的勇气和解决困难的决心，这样就你的给职业发展带来很大的负面影响。你在遇到麻烦事情时，不是想办法去解决，而是习惯于抱怨别人，寻找借口，这其实就是害怕困难、不敢承担责任的表现，也是性格脆弱的典型特征。

26~38分：逆商中等。

你对职业发展和人生的不顺境遇，一般来说没有足够的心理准备。面对不太大的逆境，你一般都能轻松应对，比如工作中的一些小难题。但是，面对工作中较大的改变，你就会感到难以招架，往往需要较长的时间和较多的努力去适应。

39分以上：逆商很高。

你有较强的抵抗逆境的能力，敢于面对现实，在困难来临时敢于迎接逆境的挑战，以坚强而乐观的态度轻松应对职场中的困难。你绝不会抱怨，而是积极寻找解决问题的办法，因此你善于将逆境转化成职业发展的机会。